儿童自控力训练手册

李少聪◎著

中国铁道出版社有限公司
CHINA RAILWAY PUBLISHING HOUSE CO., LTD.

图书在版编目（CIP）数据

儿童自控力训练手册/李少聪著. —北京：中国铁道出版社有限公司，2023.9
ISBN 978-7-113-30144-6

Ⅰ.①儿… Ⅱ.①李… Ⅲ.①自我控制-儿童教育-家庭教育 Ⅳ.①B842.6②G782

中国国家版本馆CIP数据核字（2023）第063333号

书　　名：儿童自控力训练手册
ERTONG ZIKONGLI XUNLIAN SHOUCE
作　　者：李少聪

责任编辑：巨　凤　**编辑部电话：**（010）83545974　**电子邮箱：**herozyda@foxmail.com
封面设计：仙　境
责任校对：刘　畅
责任印制：赵星辰

出版发行：中国铁道出版社有限公司（100054，北京市西城区右安门西街8号）
印　　刷：天津嘉恒印务有限公司
版　　次：2023年9月第1版　2023年9月第1次印刷
开　　本：880 mm×1 230 mm　1/32　**印张：**6.75　**字数：**180千
书　　号：ISBN 978-7-113-30144-6
定　　价：69.00元

前言

作为家有四娃的妈妈，让我深有体会的是在特殊时期上网课的时候，具备自控力的孩子与缺乏自控力的孩子，其表现可谓是天壤之别。比如我家老二自控力就有点欠缺，老师在屏幕那头儿讲课，他却对着窗户出神；几道练习题怎么写也写不完，晚上熬到十一二点，早上第一节课就抱着平板电脑睡觉。但我家老大就具备良好的自控力，不需要我管太多，就可以按时坐在电脑前认真听讲，高效率地完成作业，把自己的各个方面都安排得井井有条。

自控力，也就是自我控制、自我管理的能力，指的是人们在面对突发事件、感情问题，以及众多诱惑时，进行自我控制的能力。具备良好的自控力，孩子才能约束自己并保持良好的行为习惯。

我个人的体会是，培养孩子的自控力，主要涉及以下几个方面。

第一，给孩子立规矩，引导他将规则意识植入内心。6岁之前，趁着孩子的性格与行为习惯还没有定型，父母就可以给孩子立规矩了。在孩子守规矩的过程中，自控力也在经受锻炼，并不断增长。规矩是一种明确的界限，当孩子知道界限在哪里，自觉遵守纪律，才会养成良好的生活习惯和行为习惯。

第二，培养孩子的时间管理能力。很多孩子做事拖拉磨蹭，不会合理安排时间，其实就是因为他们缺乏自控力。比如，我家老大完成一科作业只需要花费20分钟，而老二却要我不停地催，慢吞吞地写上一两个小时。父母不妨训练孩子管理时间,教孩子制定时间表，事先约定具体时间，设置最后完成期限，和孩子一起与拖延说拜拜。

第三，教孩子控制自己的物质欲望。孩子在物欲上没有自控力，多半和父母有关。很多父母一味给孩子提供优越的物质生活，父母的初衷是好的，却没有教会孩子抵御物质诱惑的意识与能力。当孩子在物质方面提出要求的时候，父母不妨仔细辨别，或适度满足，或加以限制。力求在不使孩子感到物质匮乏的同时，引导他学会自我控制。

第四，培养孩子的情绪控制力。孩子的情绪，说来就来，前一刻还对着你甜甜地微笑，后一刻就有可能哭闹、耍脾气不说话。孩子经常在发泄情绪的过程中失控，和缺乏情绪控制能力脱不开关系。

父母想要让孩子成为情绪的主人，一定要学会控制好自己的情绪，给孩子做好榜样。并且，在孩子有负面情绪时，父母不要去打骂、指责孩子，而是要理解、包容孩子，引导他学会正确表达情绪、发泄情绪的方式，慢慢学会管理自己的情绪。

本书以日常生活中典型、普遍的场景作为切入点，结合我自身对自己四个孩子的教育心得，分别从立规矩、自我管理、时间管理、专注力、坚持力、消费观等八个角度，来探讨如何科学有效地提高自控力，并规避错误的教育方式。

本书还为父母提供了能够解决各类问题的实操方法，可以使孩子开心地配合父母，循序渐进地提高自控力。

柏拉图曾说过："好的开始是成功的一半。"自控力的养成不是一朝一夕的事，但有开始才会有结果，那就让孩子先从坚持21天开始吧！

目 录

第二章 忍住不管，培养孩子的自我管理意识

第三章 掌控时间，让孩子跟拖延说“拜拜”

第四章 适度满足和限制，让孩子懂得自我克制

第一章

自控训练，从给孩子立规矩开始

1. 给孩子立规矩，要在6岁之前

场景回放

妈妈带着皮皮去参加家庭聚餐，菜都上齐后，爷爷奶奶还没来得及动筷子，皮皮就先转起了餐桌圆盘，伸手去抓自己喜欢的菜。

场景分析

很多时候，长辈总觉得“这么小的孩子教了也不懂，长大以后自然就懂事了。”似乎那些道理和规则，等孩子年龄到了，自然就知道要遵守了。但孩子就像小树，如果父母不告诉他什么该做，什么不该做，反而任其自由生长，最终孩子可能成为一个无所顾忌的人。因为，在孩子的认知中，没有界限和底线的概念。

在 6 岁之前，父母就需要给孩子立好规矩了。耶鲁大学有研究发现，3 ~ 6 岁是孩子成长的关键期，孩子 85% ~ 90% 的性格、想法及行为方式，都是在这个时期形成的。科学家将这个阶段称为“潮湿的水泥期”，意思是这个时期的孩子，性格就如同潮湿的水泥一般，可塑性极强。

我家老三和老四是双胞胎，在 3 岁左右，他们就会开始说“不”，这代表着他们的自我意识开始觉醒。处于这个阶段的孩子以自我为中心，占有欲强，会反抗别人的安排，讨厌别人的干涉，任性固执。这也代表着孩子具备了初步的理解能力和判断能力，可以听懂父母的教导。并且，在 6 岁之前，大多数的孩子都处于依恋父母的阶段，也就是更愿意听从父母的教导。此时，只要父母引导得当，孩子就会从喜欢挑战规则转变为自愿遵守规则，最后成长为一个自控力强大的人。

进入 7 ~ 12 岁这一阶段，孩子就处于“正凝固的水泥期”，水泥慢慢凝固，孩子的性格也渐渐定型。对孩子而言，约束自己遵守规则，本身就是一件十分难受的事情。再加上此时的孩子进入叛逆期，他的反抗意识会空前高涨。如果孩子之前没有养成遵守规矩的习惯，那么，父母想要教会孩子遵守规矩就很难了。

正如知名心理学家李玫瑾教授所说："孩子 3 岁，你不满足他的要求，他顶多是满地打滚哭闹。但到了孩子 15 岁，他可能会和你争吵，离家出走，甚至做出极端行为。"因此，李玫瑾教授强调，6 岁之前，父母一定要给孩子立规矩。

给父母的建议

那么，6 岁之前，父母应该如何给孩子立规矩呢？

1. 告诉孩子"能"与"不能"

3 岁之前，孩子缺乏理解能力，不懂为什么要遵守规矩。因此，父母需要让孩子知道什么能做，什么不能做。比如，不能摸插座，不能碰水壶，不能给陌生人开门等。

父母可以在孩子心情愉悦的时候与其沟通，比如，在孩子看动画片的时候，父母可以根据动画片里的情节讲一些规矩，这样孩子会更愿意接受。父母还可以给孩子演示，怎样做才是正确的。比如，如何开门、关门才不会夹到手。

2. 教孩子是非对错

3 ~ 6 岁的孩子，已经有了基本的是非概念。这一时期，父母需要通过立规矩来帮助孩子建立正确的价值观，让孩子分清什么是对的，什么是错的，避免孩子在不知情的情况下做出错误的行为。比如，父母可以告诉孩子："打人、骂人是不对的""摘公园里的花也是不对的""妹妹摔倒了，把她扶起来，是很棒的"……当父母不断对孩子重复这一类话，做出相应的点评和要求，孩子就会知道什么该做，什么不该做了。

父母还可以利用学校、游乐场、公园等场景，告诉孩子为什么不能那么做，应该怎么做。比如，在公园看到一个遛狗的阿姨，在狗狗拉臭臭后，用纸包起来，扔到了垃圾桶里，就可以给孩子讲解一番。

另外，这一时期的孩子，理解能力和自控能力还有待发展，当他捣乱、惹事时，父母不妨保持耐心，做好引导。

3. 善用秩序敏感期

3 ~ 6 岁的孩子往往会表现得非常倔强。比如，孩子要求妈妈给自己晚安吻，换成爸爸就会哭闹不休，不肯入睡。再比如，孩子在冬天时穿袜子睡觉，但等天气暖和了，孩子也一定要穿着袜子才肯上床睡觉。

这并不是孩子固执任性，而是孩子处于秩序敏感期。父母可以趁着孩子建立"秩序"的时期，给孩子树立一些小规矩，比如：睡前要刷牙，洗手时要做"洗手操"等。这个时候立下的规矩，孩子会自觉遵守。

这个时期的孩子会通过日常中的点滴小事来构建属于自己的秩序，一旦秩序被打破，孩子就会陷入不安，讲不通道理、喜欢哭闹。所以，父母不妨保持耐心，冷静地和孩子沟通，解决问题。父母要让孩子明白，哭闹是没有用的，只有说出问题，爸爸妈妈才能解决问题。

2. 规则要明确，保证孩子能清楚地理解

场景回放

妈妈："饭前要洗手，给你说多少遍了？"

阳阳无辜地说："我洗了啊。"

妈妈拉着他的手，指着黑乎乎的手指头说："看看你这手多脏！你这是洗手了？"

阳阳很委屈："我真的洗了。"

场景分析

父母总埋怨孩子听不懂父母发出的指令，即便已经制定好规则孩子也做不到。其实，年龄较小的孩子，认知能力和理解能力还有待发展，父母需要将规则设置得足够明确，确保孩子可以清楚地理解，这样他才能做到遵守规则。

很多父母立规矩的时候，动辄就使用如诚信、尊重、讲卫生等这类抽象的词汇，这些词汇远远超出了孩子的理解范畴。大部分孩子的抽象思维是到了六七岁才开始建立的，在此之前，孩子主要以形象思维为主。因此，父母比起对孩子耳提面命地讲大道理，不如直接告诉孩子应该怎么做。

有些父母以为自己下达的指令十分明确，比如，有些父母制定的规则是"好好吃饭""把手洗干净"等。但孩子可能并不知道怎样做才算是"好

好吃饭”，“干净”是什么样子。缺乏常识的孩子很可能按照自己的理解行动，以致于和父母的本意相差千里，甚至背道而驰。

相比于“好好吃饭”，“自己拿勺子吃碗里的饭菜，要吃光光哦……”这样的说辞更有助于提高孩子的执行力，因为孩子听到之后就能立刻理解。

我家老二非常喜欢吃甜食。我告诉她：“吃甜的东西可以，但是一次只能吃小小的一口。因为你吃甜甜的东西，它们会留在牙齿上。蛀虫也喜欢甜甜的，它们会咬你的牙齿。到时候，你就会牙疼，难受得吃不下甜食，还要去医院拔牙。”老二听后每次只吃一点，吃完还会按照我说的漱漱口。

给孩子立规矩，是为了引导孩子养成良好的行为习惯，而不是用条条框框限制他的一言一行。父母明确地将制定规则的原因告诉孩子，把每一个细节都交代清楚，尽可能消除孩子理解上的偏差，才能规避孩子在行为上出现偏差，并使他自觉坚持下去。

给父母的建议

给孩子立规矩，就是帮孩子建立对规则的认识。而建立认识的前提就是确保规则足够明确易懂，可以让孩子理解。那么，父母究竟该如何做呢？

1. 使用与孩子利益相关的表达

父母在和孩子讲规矩的时候，要尽可能地使用孩子听得懂的语言，避免孩子听得糊里糊涂。比如，当孩子因为玩得高兴，而不愿意按时睡觉的时候，父母就可以告诉孩子：“爸爸妈妈要睡了，你再不上床，就来不及听故事了。”“如果不早早睡觉，明天会不舒服。”孩子更容易理解和自己的利益有关的表达。

2. 用行动教孩子规则

父母可以用简单的肢体动作来教孩子规则。比如，父母想让孩子停止吵闹，可以用一根手指放在嘴边，发出轻微的嘘声。父母想要制止孩子，可以对孩子做一个暂停的手势。

再比如，父母要让孩子把手洗干净，可以说：“洗洗手心，搓搓手背，把指缝洗干净，洗洗拇指，洗洗指尖，洗洗手腕。”父母可以一边说，一边和孩子一起做。多做几次，孩子自然就会养成习惯了。

3. 图像法

对于年龄较小的孩子来说，理解图像的能力明显高于理解文字。因此，父母可以和孩子准备一块小黑板，用图片、卡通贴纸，或者孩子自己画的画，把规矩表达清楚，贴在小黑板上。用图像来表达规矩，可以让孩子更加清楚地了解自己要做些什么。而孩子自己画画，可以增强孩子的参与感与自觉性，使遵守规则的过程变得更加有趣。

另外，每当孩子遵守了一条规则，父母就可以在这条规则后面打一个勾，或者贴上笑脸或小花的贴纸。这种直观的奖励，更能调动孩子的积极性。

3. 邀请孩子参与制定规则，增强执行的自觉性

场景回放

妈妈：“九点钟到了，快点去刷牙。”

芝芝：“我想再玩一会儿。”

妈妈：“新写好的家规，晚上九点刷牙，你看了没有？”

芝芝瞄了一眼，转过脑袋继续玩。

场景分析

很多父母习惯制定好规则，然后直接命令孩子执行，孩子自然不愿意配合。因为很多父母在制定规则时，不仅不会考虑到孩子的感受，甚至还会利用规则来压制孩子的合理需求和愿望。即使父母制定的规则很合理，但作为被动接受一方的孩子，也会觉得被制约、被控制。长期处于被安排和被命令的环境中，孩子就会表现出置身事外的态度，因为无论他做什么，其实都是在完成父母布置的任务。甚至，有些孩子还会出现逆反心理，故意违背父母制定的规则，以此来挑战父母的权威。

在孩子的世界里，规则大致可以分为两类：一种是已经制定好的规则，以安全、礼仪和行为习惯为主；另一种是孩子和小伙伴们一起制定的规则，比如游戏等活动的规则。人们发现，相比于已经制定好的规则，孩子自己

制定的规则更容易被执行。孩子在执行、遵守这些规则时毫无负担且十分自觉，无须他人提醒。如果规则被打破，孩子也能很快接受，并去想出大家都能接受的处理办法。

孩子并不是如父母所想，什么也不懂，他们其实具备一定的制定规则的能力。父母不妨邀请孩子参与制定规则。因为，孩子最清楚自己的需求，他们可以让规则变得更加符合自己的发展特性。

孩子参与制定规则，才会获得参与感，让他感受到自己是重要的。有些老师会让班上最调皮的孩子担任纪律委员，其实也是同样的道理。当孩子的责任感被激发出来，就不好意思再带头捣乱了。父母让孩子参与制定规则，孩子就会觉得这件事情是自己做主，进而充满积极性。

同时，在参与制定规则的过程中，孩子可以和父母充分讨论，相比于一知半解地遵守，他会更加理解规则。这样即使孩子某些不合理的意见没有被通过，他对执行、遵守规则也不会那么排斥。

给父母的建议

那么，父母在邀请孩子参与制定规则时，需要注意些什么？

1. 先站在孩子的立场上思考

有些父母习惯了站在成年人的角度思考问题，于是当孩子说出自己的意见时，就会觉得不可理喻、难以接受。因此，父母在邀请孩子参与制定规则前，不妨先尝试站在孩子的立场上思考问题。

比如，在制定写作业的时间前，父母可以先想一想自己还是孩子时，放学回家后都会感到饥饿，想要玩耍，然后才轮到写作业。父母可以把自己的感受和孩子沟通，并建议孩子放学回家后，可以先休息半个小时，吃点东西，再开始写作业。孩子听到这种建议，一般都会欣然接受。这样孩子就可以在放学后再休息半个小时，然后就开始写作业，而不是一拖再拖。

2．多使用疑问句

父母可以在制定规则的过程中，多使用疑问句来征询孩子的意见，表达对他的尊重。比如，父母可以说："你觉得吃饭时应该怎么做？"而不是"你快点吃，把青菜都吃掉，不要把不喜欢的菜吐出来！"再比如，父母可以说："等一下要开始写作业了，你觉得应该怎么做？"而不是"快点写作业，不要东瞅西瞅，好好学习！"

一开始父母可能会觉得麻烦，因为父母需要等孩子说出回答，如果回答不正确，还需引导他做出正确的回答。但这个过程是孩子由被动接受，转换为主动思考的过程。孩子主动说出来的规则，会让他更富有责任感，更愿意去照做。

3．表达理解与支持

父母邀请孩子参与制定规则，就需要认真考虑并采纳孩子的意见。如果父母只是搞形式，孩子的意见一个都没有采纳，只会适得其反。

比如，关于周末的时间安排，父母可以与孩子讨论学习文化知识和兴趣特长、玩耍、休息。对孩子想要睡懒觉和多玩一会儿的想法表示理解，并做出适当的让步，然后再尽力说服孩子接受安排。

制定出来的规则不一定要让孩子感到满意，父母只需要让孩子在参与制定规则的过程中，感受到尊重和理解即可。这样就可以降低他的抵触心理，使孩子更愿意遵守。

4. 给孩子强化规则的公平性，而不是权威性

场景回放

妈妈：“你一天只许玩半个小时手机，不许玩了。”

蔓蔓：“再让我玩五分钟。”

妈妈一把夺过手机，说：“不行，说好了半个小时。”

蔓蔓：“那你怎么能玩一晚上？”

场景分析

很多父母都会维护自己和规则的权威性，以“爸爸妈妈是为你好”和“规则不容违背”等理由强迫孩子遵守规则。在父母的强势态度下，孩子只能不情愿地遵守、执行规则。但就在孩子努力压抑自我需求和感受，努力达成父母的要求时，却惊讶地发现，爸爸妈妈竟然不需要遵守规则！

比如，有的父母要求孩子努力学习、写作业，到了时间就立刻上床睡觉，自己却总是躺在沙发上玩手机、看电视，直到凌晨。当孩子发现，规则只针对自己，父母却可以例外，自然心里不服气。对于父母的要求，孩子也就渐渐置若罔闻了。

甚至，有些父母还会带着孩子去打破规则。比如，地铁广播中提醒：乘客要戴好口罩，不能外放视频的声音。父母却旁若无人地观看着手机视频，而且也没有戴口罩。父母用自己的行动告诉了孩子：“你可以不遵守规则”。孩子不仅从父母那里学习了什么是规则，同时也在观察父母是否遵守、执行了规则。如果父母都做不到遵守规则，那孩子在耳濡目染之下，也不会觉得自己应该遵守规则。

但是，这些父母意识不到规则的权威性已经被自己打破了。一旦发现孩子不守规矩，他们还会不断尝试强化规则的权威性。比如，父母会对孩子说：“你不听话，爸爸妈妈就不管你了。”“不守规矩，你就会……”但这种权威就像建立在流沙上，没有稳固的根基。因为父母说得多了，孩子就会发现这大多是爸爸妈妈在吓唬自己。权威性来源于孩子的认可和信任，但父母的所作所为恰恰适得其反。

儿童心理学家皮亚杰曾在《儿童的道德判断》一书中将孩子的成长分为 4 个阶段：2 ~ 5 岁是自我中心阶段，此时规则对孩子缺乏约束力；5 ~ 8 岁是权威阶段，处于这个阶段的孩子，愿意接受权威的指导；8 ~ 10 岁是可逆性阶段，孩子会发现规则是可以改变的，把规则看作一种自己与他人之间的约定；10 ~ 12 岁是公正阶段，这个阶段的孩子会把对“权威”的遵从过渡到对“平等”“公正”的遵从上。

在孩子小的时候，他会服从权威，但这并不代表他认可规则。父母与其在权威性上费功夫，不如尝试强化规则的公平性，提高孩子对规则的接受度和认可度。

给父母的建议

英国教育家约翰·洛克指出：“无论每天对孩子进行怎样的训练，对孩子行为影响最大的依然是他身边的人。”父母对自己的要求不能低于对孩子的要求，父母先带头遵守规则，孩子自然愿意跟着做。

1. 审视自己的一言一行

父母的一言一行都会被孩子看在眼里，无论是说脏话、随地吐痰、闯红灯过马路，还是早睡早起、坚持运动、坚持学习……孩子会学习父母的所有行为，无论好坏。父母想要给孩子立规矩，就必须先审视自己的一言一行。

比如，父母要求孩子早上听20分钟英语音频，那么父母可以和孩子一起收听英语频道。

父母可以每天睡前审视一遍自己的言行，做好记录。那些好的言行举止，可以多多益善。而那些明显与规则相悖的行为，就需要父母及时纠正。可能在刚开始的时候效果不明显，但只要父母愿意为了孩子去规范自己的言行，孩子看到父母的改变，就会发自真心地认可规则，积极地模仿父母的言行举止。

2. 给自己制定规则

父母和孩子对规则的需求是有差别的，父母可以参考给孩子制定的规则，给自己也制定一份规则。

父母的规则需要比孩子的规则更加严格，这样才能起到良好的示范作用。父母数十年如一日地遵守并执行规则，引导孩子和自己一起坚持，就能鼓舞孩子养成遵守规则的好习惯。

3. 违反规则不推脱

有些父母违反了和孩子约定好的规则，为了让孩子继续遵守规则，就为自己找借口推脱，或者哄骗孩子。但父母的行为一旦被孩子发现，不仅会降低父母的威信，还会让孩子误以为，只要借口找得好，规矩其实不重要。因此，父母在违反了规则后不妨坦然承认，并想办法弥补错误。

5. 违反规则，让孩子自己承担后果

场景回放

说好了 7 点起床，但梦琪总是赖床，需要妈妈三番五次地喊。

焦头烂额的妈妈和她商量："从明天开始，你定好闹钟，我就不喊你起床了。"

第一天，闹铃响了后，梦琪用小手一拍闹钟，然后就倒头继续呼呼大睡，结果梦琪迟到了。

第二天，她把闹钟放在了手摸不到的地方。闹钟一响，梦琪只有下床才能把它关闭。就这样，梦琪再也没有迟到了。

场景分析

如果每次违反规则都有父母帮忙兜底，孩子不用承担责任，也就不会把父母的话放在心上，更不会有意识地约束自己去遵守规则。

法国思想家卢梭提出过一种教育方法，叫作"自然后果教育法"。这种教育方法就是指允许孩子犯错，但是需要让他自己承担犯错产生的不良后果。这可以让孩子自己总结经验教训，让孩子明白什么应该做，什么不应该做。

比如，孩子忘记带作业本，自然后果就是无法向老师交差，被老师批评。此时，孩子就会感到难堪、悔恨。这会刺激他主动思考并纠正错误行为，

甚至想方设法避免再犯。虽然这会让孩子获得不良体验，但不同于父母强制要求孩子接受的惩罚，孩子很清楚这一切是自己违反规则的结果。这样，孩子就不容易产生抵触情绪。而且，没有父母愤怒的指责和惩罚，孩子会更愿意接受教导。

不过，“自然后果教育法”不等同于“放养”。父母在使用这一方法前，一定要先想好孩子是否能够承担后果。比如，如果孩子不想刷牙，父母让他承担的自然后果是让孩子长蛀牙，那就得不偿失了。再比如，孩子想要玩插座，孩子做出比较危险的行为时，需要承担的自然后果太大，就不适用这一方法了。

给父母的建议

父母合理地让孩子承担后果，不仅可以引导孩子更好地遵守规则，还能提高孩子的责任意识。那么，父母应该如何做呢?

1. 及时告知后果

父母让孩子承担后果的目的不是看着孩子犯错，让其受到惩罚，而是为孩子敲响警钟，让他更好地遵守规则。因此，当父母发现孩子不想遵守规则时，不妨及时告诉孩子，若不遵守规则，可能会产生什么样的后果。

比如，父母可以告诉孩子，如果不吃饭，等会儿饿了就没饭吃了。父母给孩子选择的机会，让他权衡利弊，自己决定要不要违反规则。如果孩子没有听进去，那么父母再让他去接受后果，这样做也会起到更好的教育作用。

另外，父母只需要客观地告诉孩子，他要承担的后果是什么即可，而不是刻意夸大后果，用后果去“威胁”孩子，阻止他行动。

2. 不过度评论结果

孩子可以通过自己的体验来认识错误，父母无须针对结果发表过于消极的评论。比如：“爸爸妈妈早就告诉过你……”“你看，不听爸爸妈妈的话，现在……”父母针对结果发表带有负面情绪的评价，就会让孩子觉得自己受到了额外的惩罚，进而把注意力集中于如何对抗父母上，那么孩子就很难分出心神来反思自己的行为了。

父母可以把孩子的不合理行为与不良后果联系起来，引导他梳理好逻辑，让他更清晰地总结经验教训。

3. 不干预孩子承担后果

在孩子承担后果时，父母无须过多干预。父母帮孩子承担后果，或者减少孩子承担后果的工作量，会让孩子再次以为责任都是父母的，自己无须遵守规则。父母只需要在孩子承担后果后，确认孩子的安全和健康。并且，在孩子需要帮助时给他一点帮助和陪伴，让他感受到父母无条件的爱，这样孩子会更有勇气去承担后果。

6. 执行规则的过程中，表达对孩子的信任

场景回放

妈妈：“六点钟到了吗？你该写作业了！”

安忻：“还有两分钟才到六点。”

妈妈：“我只是想提醒你，不然你又拖拖拉拉写不完。”

安忻：“到了时间我就写。”

妈妈：“最好是这样。”

场景分析

父母们在孩子执行规则的过程中，总是担心孩子不去做、做不到，于是不厌其烦地提醒、监督孩子，和孩子确认每一个细节。比如，妈妈制定好规则，让孩子自己按时间起床，也看着孩子设定了闹钟。但到了孩子起床的时间，父母还是会走到孩子的床边，看孩子是否起床了。如果孩子没有及时起床，父母就会提高音量把孩子叫醒。

父母本意是想要孩子遵守规则，但这种充满不信任的行为，却仿佛是在告诉孩子“只有在爸爸妈妈的督促下，你才会去遵守规则”。规则形同虚设，那孩子自然也不会主动约束自己遵守规则了，反正还是要被父母逼着做。

有网友曾在社交媒体上留言，“本来是要做家务的，但老妈一开口说，

就突然不想做了，难道我不知道自己应该做什么吗？”其实很多时候，孩子是愿意好好遵守、执行规则的，但父母的不信任却激发了孩子的逆反心理。同时，孩子的内在动力也会不断被消磨，渐渐失去主动性，变得消极、懈怠。

罗杰・罗尔斯是美国纽约州历史上第一位黑人州长。他出生于一个肮脏、混乱的贫民窟。在那里长大的孩子因为从小就耳濡目染，很多都走向了打架、盗窃的道路。罗尔斯自然也好不到哪里去，在小学他就无视纪律，常常捣蛋闯祸。

校长皮尔・保罗想要改变这些孩子，他对罗尔斯说：“看看你修长的手指，我知道，你将来一定能成为纽约州的州长。”

罗尔斯大吃一惊，从未有人如此地坚信他。“纽约州州长”在他心中扎下了根，从那一天后的 40 多年里，罗尔斯每一天都用州长的标准来要求自己。终于，在 51 岁这年，他成功当选纽约州州长。

权威人物的信任是一种强效的心理暗示，可以让孩子充满信心和勇气。父母表达对孩子的信任，孩子就会感受到父母的认可与期待，萌发出责任感。孩子在为自己的行为负责的同时，也会提高对自己的要求，争取更好地遵守、执行规则，不辜负父母的信任。

给父母的建议

但是，信任也不等于完全不管孩子，父母需要根据具体情况来采取措施，确保孩子在大方向上不偏离规则。只有这样，双方才能建立信任基础。

1. 真诚表达对孩子的理解和信任

父母真诚地表达对孩子的理解和信任，让孩子看到父母是发自内心地理解、信任自己，他就会收获积极的心理暗示。

父母可以在执行规则前，给孩子一些鼓励，来表达自己的信任。当孩子开始独立执行规则后，父母只需要适当地提醒孩子遵守规矩，不需要过多的唠叨、监督。即使是提醒，父母也最好是偶尔进行，且不含责怪、警告的意味。父母可以提醒孩子不遵守规则的后果是什么，也可以提醒孩子他此刻的举动是不妥当的。父母还可以用咳嗽，或者用眼神示意孩子。这样既可以提醒孩子，也不容易激发他的逆反心理。

比如，当我家孩子违反规则后，我这样对孩子说："爸爸妈妈知道你是想遵守规则的，但动画片确实很好看，你被吸引到了，我们来制定一个惩罚措施，让你可以更好地约束自己，好不好？"这样表达父母对孩子的信任，并引导孩子参与制定惩罚措施，有利于孩子更好地约束自己。

2. 与孩子约定

孩子缺乏自控力，可能难以坚持太长时间，因此父母可以对孩子进行合理的监督。比如，父母可以和孩子约定，在短时间内完成一项任务，只要时间一到，就要检验结果。

父母可以提前预估一下孩子完成某项活动所需要的时间，然后让孩子在规定的时间内完成，时间最好不要超过半个小时，否则孩子注意力容易分散，完成任务的积极性会降低许多。

时间一到，父母就可以检查孩子的成果了。如果孩子完成了任务，父母可以给孩子提供一些小奖励。比如，看 10 分钟视频、吃一点零食等。如果孩子没有完成任务，父母可以提前与孩子约定好，让孩子接受惩罚，比如，少吃一个糖果、少玩几分钟等。

7. 规矩要有弹性，孩子才乐于遵守

场景回放

妈妈规定语蔷每天要读完 10 页书，才能吃一块小蛋糕。这天，语蔷陪来家里做客的小伙伴玩耍，便没有看书。

晚餐结束后，语蔷眼巴巴地看着妈妈，说："妈妈，我想吃蛋糕。"

妈妈："你今天一页书都没有看。"语蔷："那我现在去看。"妈妈："不行，现在不是读书的时间。"

语蔷："那我明天补上？"

妈妈："不要讨价还价，没有遵守规则就没有奖励。"

场景分析

给孩子立规矩并不是越严格越好，父母忽视、压抑孩子的需求和感受，僵硬、刻板地约束孩子，只会让孩子更加不乐意遵守。

到了 3 岁左右，孩子的自我管理意识就开始萌芽，他渴望得到周围的人的尊重，尤其是父母的尊重。但如果父母强制要求孩子一板一眼地遵守

规矩，在任何情况下都不能做改变，就会激发孩子的逆反情绪，让他越来越抵触规矩。父母让规矩横亘在自己与孩子之间，还会让孩子觉得父母不近人情，难以沟通，从而开始讨厌父母。

因此，父母在给孩子立规矩的时候，不妨多一些弹性，张弛有度，灵活变通。其实，很多父母都陷入了一个认知误区，即规矩是一定要遵守的。如果孩子不能严格遵守，父母就会觉得规矩失去了价值，自己为了给孩子立规矩而付出的努力就都白费了。出于这种认知，父母往往不能接受孩子违反规矩，一旦孩子有一点和规矩有出入的举动，父母就会更加严厉地约束孩子。

但父母忘记了，孩子不是机器。不可能父母每发布一条指令，孩子就一丝不苟地执行下去。孩子是理解能力、自控能力都有限的人。他需要时间，需要通过不断地尝试、犯错来理解、记忆、遵守规则。这一点同样适用于已经是成年人的父母身上，父母得知一项规矩后，也很难立刻做到，并且从不懈怠、出错。因此，父母又何必苛求孩子呢？

立规矩是不可能一蹴而就，父母不妨尊重孩子的生长规律，尝试有弹性地立规矩，给孩子一点成长的空间和时间。或许刚开始，孩子 10 次里面有 9 次做不到，但只要父母保持耐心，孩子慢慢就能做到三四次……七八次，最后完全做到。

给父母的建议

如何做到立规矩灵活而不放纵，不刻板而有原则，这其中的尺度很难把握。父母在保持耐心、充分利用自己的智慧的同时，不妨参考以下方法。

1. 及时调整规矩

在确定规矩前，父母需要参考孩子的反应和态度来判断规矩制定的合理性，并根据实际情况及时做出调整。在遵守规矩的过程中，父母需要多多观察孩子。如果孩子不是很积极，父母就需要立刻询问孩子的意见，再次做出调整。父母在调整规矩时，需要充分考虑孩子的合理需求，并让孩子看到父母的尊重与努力，这样孩子遵守规矩的积极性才会提高。

2. 妥协与拒绝

如果孩子的要求不过分，父母可以适当地妥协。比如，在《小猪佩奇》中，妈妈非常爱干净，但妈妈却允许佩奇不脱鞋子就上床睡觉。妈妈妥协的原因是，佩奇太喜欢这双新买的鞋子了，不愿意脱下它们。

孩子的一些要求看似任性不合理，实则无伤大雅。父母适度的妥协非但不会让他们变坏，还能更好地满足他们的心理需求。同时，父母也要避免把妥协演变成纵容，使得孩子养成坏习惯。父母可以在妥协之后，跟孩子讲清楚道理，并告诉他同样的做法只能一次。

如果孩子的要求过分，父母可以选择温和地拒绝。很多时候，孩子的一些要求并不是基于他的真实需求，只是一时兴起。甚至，有些孩子还会蛮不讲理地要求父母一定要答应。面对这种情况，父母不妨用更温和的态度拒绝孩子，不对他发脾气，不严厉地批评、指责他。

父母可以在拒绝孩子后，安抚好孩子的情绪，并告诉孩子他被拒绝的原因。父母可以和孩子讲清楚，父母拒绝不是因为他不好，而是因为要求不合理。

3. 与孩子商量解决方案

如果孩子不愿意遵守规则，父母也不能强迫孩子。比如，到了孩子睡觉的时间，但他却怎么劝都不肯上床。如果父母威胁他："如果你还不上床睡觉，那明天的小蛋糕就没有了。"这就会让孩子非常沮丧，开始排斥规矩。

正确的方式是，父母可以先询问孩子不愿意遵守规则的原因。当孩子说出他的感受与需求后，父母就可以也说出自己的感受和需求。比如，爸爸妈妈很困了，想要早点休息。然后，父母就可以和孩子商量出一个双方都能接受的解决方案。比如，睡前讲一个故事，或者抱着玩偶睡……父母可以让孩子提出建议或者做出选择。这能够让孩子感到被尊重。在双方达成一致并制定好规则后，他会更愿意配合。

8. 与孩子约法三章使用电子产品

场景回放

学校因为特殊原因让孩子们居家上课，陶粒常常趁妈妈不在，一边听课，一边和同学聊天。

就算下课了陶粒也趴在计算机前，妈妈提醒他看的时间太长了，对他的眼睛不好。他不耐烦地说："我在看老师布置的作业呢。"

场景分析

特殊时期上网课，平时将电子产品视为洪水猛兽的父母，不得不“亲手”把电子产品（这里指手机、计算机、iPad）交给孩子，还要教会孩子如何使用。

有一次，我家邻居超超妈妈向我倾诉，超超在上网课的时候，一旦没有大人的监督，就很容易放飞自己。一边上网课，一边切换至社交软件，不停地发送信息“在不在？”“在吗？”还附带一连串表情包；有时候还乐此不疲地更换桌面背景，换好了还要细细欣赏一番；或者抱着平板呼呼大睡；有时候游戏打得热血上头，连下课了都没发现……

父母担心长此以往，孩子不但学不到知识，反倒养成了一大堆坏习惯。

孩子确实是因为上网课而有了大量接触电子产品的机会，有部分孩子还会沉迷其中。但上网课只是一个诱因，真正的原因是父母没有培养孩子良好的使用电子产品的习惯。没有规则限制，孩子的自控力又不高，自然就会变得散漫无疆。或者是也给孩子立了规矩，但自己却手机不离手，孩子又怎么会执行？

因此，父母可以尝试与孩子约法三章。在减少使用电子产品的同时，多多引导孩子发掘生活中的趣味，自然就能减少孩子对电子产品的依赖。

给父母的建议

1．对孩子表示理解和信任

父母与孩子约法三章前，可以先对孩子表示理解。当孩子发现父母理解自己的感受时，他会更愿意配合。

父母可以对孩子说："爸爸妈妈相信你可以控制好自己，但是手机里的内容太好玩了，有时候爸爸妈妈……（举例）。所以，我们得互相帮助，来和爸爸妈妈做个约定好不好？"或者："可以把平板电脑给你用，但是你要和爸爸妈妈做个约定，保证……"

当孩子愿意和父母约法三章时，父母最好也以差不多的标准要求自己。在孩子面前尽可能少地使用电子产品，起到示范作用。

2. 达成明确的约定

约定的内容越明确，孩子越容易执行。因此，父母最好与孩子达成明确的约定。比如，孩子每天在哪一个时间段使用电子设备；可以使用几个小时；使用多长时间就需要休息一下；什么情况下不能玩手机；不能用手机做什么事情等。

为了提高孩子的积极性，父母还可以告诉孩子，坚持几天不违反约定就会有奖励。父母可以带孩子去公园、动物园、科技馆等地方放松身心，增长见闻；也可以带孩子去旅行、看电影、听音乐会，带他接触除网络世界之外的娱乐。父母还可以让孩子提出愿望，选择合适的愿望满足他。

父母也要考虑孩子没有做到的情况，父母可以与孩子约定，违反约定中的某一项，就将电子产品中的娱乐软件设置密码锁或放入黑名单，直到孩子的行为改善。

父母与孩子协商一致后，可以把约定落到书面，并将其放到显眼的位置上，让孩子可以随时看到，牢牢记住。

3. 督促孩子执行约定

约定制定后，父母需要督促孩子执行约定。此时，父母无须表现得太严厉，或者频繁使用否定句，粗暴地阻止孩子，或者警告孩子。这样做，只会触发孩子的逆反心理，使其选择放弃。

父母可以用平和的声音陈述孩子的行为，比如，“你看手机超过20分钟了。”父母也可以给孩子读一读约定。比如，孩子在电子设备上看了22分钟的视频，父母就可以说：“我们约定上写着，每次只能看20分钟的视频。”父母还可以通过轻咳、拍一拍孩子等方式来提醒他。

如果孩子是第一次没遵守规则，并且在父母的提醒下，很快放下了电子产品，父母可以对孩子不进行追究，给孩子一点适应、过渡的时间。如果孩子不愿意放下电子产品，或者一而再再而三地违反约定，就需要父母给其一定的惩罚了。

第二章

忍住不管，培养孩子的自我管理意识

1. 你管得越多，孩子越没有自控力

场景回放

场景分析

孩子一回家，有的父母就忍不住开始指挥，洗手、换鞋、吃饭、学习……他们觉得孩子天生没有自控力，一旦没人管，孩子就会放纵起来。为了管好孩子，他们给孩子定下了各种各样的规矩。

但令人尴尬的是，被管得越多，孩子越没有自控力。比如，有的父母看到孩子做什么都要提醒两句。“作业做完了吗？”“喝水了吗？”“东西都带好了吗？”久而久之，孩子就会觉得这些事情都是父母的责任，自己可以随便怎么样，反正有父母管自己。

父母管得太多，孩子什么都得听父母的安排，想做的事情不能做，好奇的东西玩不了。父母的管束让孩子感到窒息，于是孩子便抓住每一个机会，做可以让自己放松、快乐的事情。

著名教育学家蒙台梭利说过：“纪律要建立在自由之上，因为有了自由，孩子才能选择做自己感兴趣的事，并在反复做的过程中学会专注。长久的专注会让孩子了解规律，并愿意做到自我控制。”也就是说，父母少管孩子，能够培养孩子的自控力。

蒙台梭利还指出，自控力即自律，来自孩子本身，而不是父母设置的条条框框上。父母管得太多，孩子就会逐渐习惯听父母的命令，不再试图依靠自己的力量去克服困难。这时，即使父母不再管那么多，孩子也没有了控制住自己的能力。父母管得太多，容易让孩子产生逆反心理，逐渐对父母的管束免疫。而父母少管一些，孩子就会明白要为自己的行为负责，这会让他们想要学会控制自己，提高自控力。

但这也不是说，让父母完全放手，不去管孩子。年幼的孩子心智有待发展，如果毫不管束，孩子必然不能做到自我控制。心理学家李玫瑾教授认为，孩子过了 12 岁，父母就要减少对孩子的干预，不能事事都管，因为孩子长大了，父母需要用对待大人的方式去对待他，否则会引起强烈的叛逆。

给父母的建议

自控力不是管出来的，那么，父母究竟可以做一些什么来提高孩子的自控力呢?

1. 表扬孩子的自控力

当孩子表现出自控力时，父母可以及时表扬。比如，偶然一天，孩子自己早早起床洗漱了，父母就可以说：“你今天自己按时起床了，我觉得这很棒。”或者，父母也可以问他：“你知道自己早起说明了什么吗？”紧接着父母就可以回答：“这说明你有了自控力，可以自己管好自己的生活了。”这样，孩子就能明白什么是自控力，并受到激励，做更多可以锻炼自控力的事情。

2. 哪些事情不用管

心理学家认为，孩子在 3 ~ 4 岁，就会产生独立意识，这是父母锻炼孩子自控力的最佳时机。此时，对于很多事情，父母可以给予孩子一些指导，而无须时刻关注孩子，处处监督。比如说，孩子做作业、整理书包、管理时间和决定穿什么衣服。父母可以在必要的时候，给孩子一些建议或者督促，但大部分还是要让孩子自己来。

另外，父母也可以向孩子提出一些小要求，以保证他的生活和学习不会脱轨。比如，一定要完成作业、按时刷牙、运动半小时等。如果孩子不知道怎么做，父母可以对孩子示范几遍正确做法，但无须规定孩子一定要这么做事，或者什么时间做什么事情。

3. 适当地远离孩子

如果父母实在忍不住，看见孩子做事情就想张嘴说两句，可以适当地与孩子保持距离。

比如，父母想要孩子吃水果，可以把水果洗净、切好，端到孩子面前，做到提醒孩子。然后，父母就可以离开这个房间去做自己的事情，至于孩子会不会吃水果，则由他自己决定。

父母可以事先想一想，如果不管孩子做这件事情，是否会让他受到严重的伤害。如果答案是不会，父母就可以让孩子离开自己的视线了。

父母也可以鼓励孩子和朋友一起出去玩，参加夏令营等，让孩子独立一段时间，这可以帮助父母克制想要管孩子的冲动。

2. 少代办，给孩子独立做事的空间

场景回放

7 岁的小萌拿着一块拼图，看了看不知道该放在哪里，她的眼神投向妈妈。妈妈接收到“信号”后，赶紧指向地图的一处：“放这里。”

于是，小萌把拼图放到妈妈指的那个位置，发现真的拼对了。她高兴地又拿起一块拼图，问妈妈：“这块应该放在哪？”妈妈又是一指：“那里！”然后母女俩便“配合默契”地把这幅适合 4 岁宝宝的拼图拼完了。

场景分析

孩子明明有了自己做事情的能力了，但有些父母还是会帮孩子端水穿衣、收拾书包……在他们的眼中，似乎永远都是“孩子还太小”“现阶段最重要的任务是学习”，然后理所当然地帮孩子做好一切。

研究证明，婴儿时期，孩子的意识是混沌的。但孩子长到1岁时，他就会逐渐发现自己与外界是不同的。如果这个时候，父母频繁地帮助孩子做孩子想做的事情，孩子就会以为父母和自己是一个整体，自然而然地依赖父母代替自己做事。这样，孩子就会丧失大量锻炼必备能力的机会。

孩子做不好自己的事情，就会寄希望于父母，渐渐地还会觉得父母的帮助是应该的。加上缺乏基本的自理能力，孩子对做好一件事情缺乏信心，遇到困难就会下意识地选择逃避，而不是承担责任。孩子没有体验过做事有多累、多难，就会轻视父母的付出，不懂得感恩。从而，性格上变得更加自我、冷漠。

而最可怕的是，孩子在进入学校学习后，如果父母不帮他安排好什么时候学习、学哪一门课，他就不主动去学了，也不知道要干什么。在中小学阶段，这个问题尚不明显，但等上了大学，开始工作，孩子就会表现出非常明显的不适应性。

我国著名教育学家陈鹤琴先生曾说过：“从孩子出生起，其语言、行动、思考等能力都是通过不断的学习和使用而获得的。”父母替孩子把事情做了，孩子就失去了成长的机会。父母不妨满足孩子的成长需求，让他尝试做好自己的事情，体会依靠自己的力量取得成功的感觉。比如，在出游前，让孩子决定穿什么衣服、准备哪些东西；大扫除时，让孩子整理自己的房间……就算孩子一开始做得很糟糕，但锻炼的机会多了，他会做得越来越好。

给父母的建议

孩子年龄还很小，父母在训练孩子自己的事情自己做时，还需要注意一下策略，有技巧地说服孩子，让孩子轻松快乐地接受。

1. 用提问代替帮助

当孩子求助，或者遇到困难时，父母可以提问“你觉得哪里有问题？”“你觉得应该怎么解决？”“这样做你觉得会怎么样？”

父母一边做一边教，孩子大多不放在心上，说一声：“嗯嗯，明白了。”实则大概率没学会。因此，父母不妨直接向孩子提问：“收拾书包的时候，都需要检查好哪些东西带没带？”“明天天气怎么样？穿什么衣服合适？”

另外，父母使用这个方法的目的是引导孩子思考该怎么做，而不是和他争论做还是不做。因此，父母在与孩子沟通时可以使用平和一些的语气，这样孩子会更愿意接受。

2. 鼓励孩子尝试

心理学研究证明，3 岁左右的孩子自我意识萌芽，开始尝试独自做事。孩子在这个阶段的父母可以鼓励孩子尝试做一些简单易上手的事情，比如，洗袜子、收纳整理玩具等。

父母可以替孩子准备好所需的东西，并分步骤演示应该怎么做。孩子如果一遍没有学会，父母可以多演示几遍，直到孩子学会再让他尝试。父母可以对孩子说："你先试一试，5 分钟后我再来检查。"然后远离孩子的视线范围。

如果时间到了，孩子还没有做到，父母可以手把手教孩子，带着孩子一起完成这件事。父母可以告诉孩子："你刚刚因为太急了，所以没有想到，其实你是可以做到的。"这样可以舒缓孩子的情绪，鼓励他积极做事。

3. 孩子做家务的能力，越早培养越好

场景回放

小瑜看到桌面有些脏，便拿起一张纸巾想要擦一擦。妈妈看到后，赶紧说："别动，妈妈来，你去写作业吧！"妈妈总是担心小瑜做家务耽误了学习，如果做不好还得她来收拾残局，实在是得不偿失。

场景分析

"你玩去吧，这种活不用你做""家务爸爸妈妈做，你的任务就是学习"……父母大多不愿意孩子做家务，这就导致了很多孩子从小到大几乎

都没有洗过碗、拖过地。

很多父母不愿意孩子做家务，就是觉得孩子的年龄太小，不具备做好家务的能力。并且担心孩子在做家务的过程中受伤，或者认为孩子会帮倒忙，父母刚把窗户擦干净了，结果孩子一个湿抹布糊上去，窗户又花了，还得重新再擦一遍。于是，父母就会想：与其让我和孩子都麻烦，不如自己一个人做，然后陪孩子做些其他的事情。

还有的父母则是看重孩子的学习，希望孩子抓紧时间，不能因为家务活占用孩子的时间和精力。于是，父母就把家务包揽了下来，不让孩子参与。父母的用意是好的，但这样做却会让孩子变得劳动意识淡薄、不愿动手、过度依赖父母。这样的孩子生活能力差，缺乏基本的自理能力。因此，他们大多做事畏缩，缺乏抗挫力。

因此，父母不妨给孩子创造一些做家务活的机会，与父母一起劳动。有研究发现，相较于其他孩子，从三四岁就开始帮忙做家务的孩子，长大后会表现得更自信、自律，有更好的人际关系，也更容易做出一番成绩。哈佛大学的学者花费 40 年的时间，追踪 256 名波士顿少年后发现：从小爱劳动、能干事的孩子在成年后，比不爱劳动的孩子的收入多 5 倍，失业的人数少 16 倍。

的确，做家务还可以磨练孩子的意志。对于孩子来说，做家务不是一件容易的事情。就以扫地为例，想要快速把地扫干净，且不扬起灰尘，孩子要掌握好扫地力度和方向，或许还需搬开座椅，第一次很难做好。当孩子克服这些困难，自身的意志就锻炼了。同时，孩子体会到了做家务的辛苦，也会更具责任感，更能体谅父母的辛苦。另外，孩子每一次完成扫地、擦桌子等家务活，都会体验到成功感，变得越来越自信。

给父母的建议

做家务虽然有难度，很辛苦，但也不失为一件快乐的事情。父母不妨和孩子一起做家务，让孩子从爸爸妈妈身上学会如何把家务活干好，如何以轻松快乐的心态面对家务活。

1. 和孩子一起做家务游戏

在我家，爸爸经常在休息的时候带着老大一起做家务，边打扫边玩。爸爸准备了两个扫帚，两块抹布，当他拿着扫帚扫地，老大也会模仿爸爸的动作，学习扫地。尽管老大还是扫不干净，爸爸也不在意，还夸他模仿得有模有样，棒极了。

父母可以把做家务变成一场亲子游戏，在轻松的氛围中，孩子就会忽视做家务的苦和累，只会觉得快乐有趣，爱上做家务。比如，父母可以与孩子开展叠衣服比赛，妈妈将洗好的衣服分为两堆，让孩子选一堆，自己选另一堆，看谁先把衣服叠好。父母可以让一让孩子，让他“获胜”，从而提升做家务的热情。父母还可以与孩子玩角色扮演游戏，假装孩子是一个洗碗工，让他把所有的碗洗完后，由父母充当雇主检查，在确认孩子确实洗干净了之后再支付他相应的“报酬”。这个报酬可以是孩子平时的零花钱，也可以是父母陪伴孩子的承诺。

2. 根据年龄段分配家务

不同年龄的孩子能力不同，可以完成的家务也有很大不同。若是让孩子做他无法完成的家务，则会打击孩子的积极性。父母在让孩子做家务时，可以根据他的年龄段来决定。

不同年龄段的孩子，适合做的家务如下：

1 ~ 2 岁的孩子可以将用过的纸巾等小垃圾丢进垃圾桶；2 ~ 3 岁的孩子可以帮忙拿东西，把玩具放进玩具箱子里；3 ~ 4 岁的孩子可以擦桌子、摆放碗筷；4 ~ 5 岁的孩子可以给花草浇水、给垃圾桶套袋子、整理床铺、叠衣服；5 ~ 6 岁的孩子可以擦桌子、换床单、洗手帕和袜子，清洗水果、蔬菜；6 ~ 7 岁的孩子可以打扫自己的房间；7 ~ 8 岁的孩子可以使用较安全的电器，如用微波炉和电饭煲来做些简单的饭菜；8 ~ 9 岁的孩子，可以和父母商量如何制定家庭采购清单，与父母一起采购。

在孩子做家务时，父母可以陪在孩子身边，或者不要让孩子离开自己的视线范围，确保孩子不会在做家务的过程中受伤。如果孩子不愿意做家务，父母可以试着向孩子求助，表示自己做不到，需要他的帮助，这样孩子有可能会更乐意一些。

4. 提供选择，锻炼孩子的自主能力

场景回放

午饭时，小洺看了看桌子上的菜，问：“妈妈，我们晚饭吃什么？”

妈妈：“你想吃什么？”

小洺：“我想吃西红柿炒鸡蛋。”

妈妈：“昨天不是刚吃过吗？今天吃猪肉炖粉条。”

小洺：“可是我还是很想吃西红柿炒鸡蛋。”

妈妈：“你能不能不要挑三拣四？”

小洺噘着嘴不再说话。

场景分析

父母总是习惯于帮助孩子安排好一切，吃什么、穿什么、学什么，很多孩子对生活都毫无选择，只能被动接受。父母不妨给孩子提供一些选择，这能有效锻炼他的自主能力。

父母或许会觉得自己懂得比孩子多，想得比孩子周全。孩子什么也不懂，又很任性，与其让他自己选择，不如父母来安排好一切，这样对孩子好，父母也可以省心不少。但这种无视孩子意愿的做法，会打击到孩子的自尊心。孩子可能会丧失主动选择的意识，面对他人的询问，即使心里有其他想法，也只会说“随便”“都可以”。

但这也不是说，父母应该让孩子自己想选什么就选什么。年幼的孩子对事物和自身的认知都有很大的局限性，做出的选择可能是因为一时冲动与私心，因而缺乏可行性。

父母可以给孩子提供几个选择，再让孩子自己来选。有心理学家指出，当孩子能够自己选择如何做一件事情时，内心会更有动力，而且，他会对自己要做的事情充满责任感。所以，父母给孩子提供选择，他会变得更加积极主动。比如：

父母问孩子："你想用红色的勺子吃饭，还是用银色的勺子吃饭？"无论孩子选什么都不影响他吃饭，但父母询问孩子的意见，就会让他感到父母很在乎他。同时，孩子也会开动脑筋，思考自己应该选择什么。孩子做选择的机会多了，他的思维能力也会得到提升。

关于如何给孩子提供选择也需要一定的技巧，《正面管教》中提到，想要孩子配合，给出的有限选择，本身应该是父母可以接受的，最好还是有益的。比如，不能对孩子说："你是想现在吃饭？还是看动画片？"孩子多半会选看动画片，父母也多半不会同意。

对于还无法做出理性判断的孩子，父母提供选择时可以更加聪明一些。比如，你对孩子说："过马路的时候，你是想牵爸爸的手，还是想牵妈妈的手，你来决定吧。"无论孩子做哪个选择，保护孩子的目的都达到了，而且一句"你来决定"也会赋予孩子一种权利感。

给父母的建议

那么，父母具体该怎么做呢?

1. 告诉孩子选择的影响

如果孩子坚持自己的想法，不同意父母提供的选择，那么父母可以在孩子做出选择前，告诉孩子，不同选择会造成什么样的后果，而这种结果需要他自己来承担。当孩子知道吃很多的冰激凌会肚子痛时，孩子就会更加慎重一些。

父母还可以告诉孩子，他做出的选择，不仅仅会影响到自己，也会影响到身边的人。当孩子明白自己做出的选择对应了哪些责任时，就会更加理智，而不是只考虑自己，或者一时冲动。

如果孩子还是坚持自己的想法，父母可以直接拒绝孩子，并告诉他理由。比如，“你一天只能吃一个冰激凌，吃多了对身体不好。”“你整天看电视对你的眼睛不好，还学不到知识。”如果孩子不理解父母的意思，父母可以多解释几次，直到孩子接受为止。

2. 为孩子分析利弊

在父母为孩子提供有限选择时，父母可以跟孩子分析每一项选择的好处和坏处，鼓励孩子自己做出取舍。比如，“白色的鞋子和衣服很搭，但容易变脏，你可能要经常打理。黑色的鞋子不容易变脏，但是自重有一点沉，如果走路时间久的话，你的脚可能会比较累。”父母站在孩子的立场上客观分析，然后等待孩子做出选择即可。

父母可以为孩子分析几次，然后询问他对每个选择的看法，引导他做出客观合理的判断，提高孩子做选择的能力。

5. 目标激励，让孩子从被监督到“自念紧箍咒”

场景回放

场景分析

有些父母抱怨孩子做事没动力，喜欢敷衍了事，需要一直监督。这或许是因为孩子没有目标的指引，只能茫然地努力，难以不断自我鞭策。因此，父母不妨引导孩子建立目标，让孩子从被监督到“自念紧箍咒”。

哈佛大学曾做过一个关于目标的调查，研究人员抽取了许多学历、生活环境、智力都没有很大差别的年轻人进行观察。研究人员发现，这些人中有明确的人生目标的人只有4%。20年之后，研究人员进行回访，他们发现，4% 拥有明确人生目标的人，无论是事业，还是家庭生活，都要超过那些没有目标的人。

外交部高级翻译张京，从小就对英语兴趣浓厚，她在看到电影、电视剧中的英语对白时，就会兴致勃勃地模仿。张京的父母见此，便全力支持孩子学习英语。他们不仅为张京收集英语学习资料，还会在假期，带着张京去国外旅游，鼓励孩子和外国人交流。

初中时，张京就立志成为一名外交官。张京刻苦学习，高考分数超过了清华、北大的录取线。但为了实现梦想，张京选择了外交部直属的外交学院。

在大学里，张京参加了许多英语方面的竞赛，先后斩获“外研社杯”全国英语辩论赛冠军，以及“21 世纪杯”全国英语演讲比赛中荣获亚军。大学毕业的同一年，张京凭借亮眼的成绩和过硬的实力顺利进入外交部，成为一名翻译。

明确的目标，能激励人们不断努力。美国斯坦福大学的威廉·戴蒙教授在《迈向目的之路》一书中指出：“目的，是驱动我们每天大部分行为背后的一个动机。”有目标的孩子，动机性都很强，他们会自觉学习达成目标所需的各种技能与知识，十分务实，且注重效率。目标吸引并激励着孩子，让孩子克服懒惰与贪玩的天性，主动付出更多的努力。

提出“洛克定律”的埃德温·洛克教授认为，“当目标与未来接轨且富有挑战性时，才是最有效的。”孩子十分擅长定目标，每当见到喜欢的事或人，他们都会立志让自己成为同样的人，或者做成同样的事。这种目标在父母看来或许不切实际，一味打压、阻止，应让孩子知道远期目标和近期目标的不同，近期目标应具体化、可操作，不同阶段的近期目标是远期目标的一部分。

“洛克定律”也被叫作“篮球架定律”，很多人喜欢打篮球，这和篮球架的设置有关系。篮球架的高度不高不低，既不能让人轻易达到，又可以让人通过跳跃把球投入篮筐，这才引来无数人去挑战。

给父母建议

父母不妨多观察孩子，与孩子沟通，挖掘他的兴趣与梦想，引导他建立目标，激励自己不断努力。

1. 将梦想变成可以实现的目标

当父母知道孩子的梦想时，可以尝试将梦想引导成可以实现的目标。比如说，孩子说想要当科学家。父母就可以引导孩子接触各个学科的知识，给他介绍一些杰出科学家的经历，告诉孩子成为科学家需要做些什么。

父母可以查阅资料，并参考孩子的能力，和孩子商量，确立好一个个可以实现梦想的小目标。

父母要尊重孩子的梦想，不要强迫孩子改变梦想。只有孩子发自内心的梦想，才能激励孩子不断努力。

2. 引导孩子选择有难度的目标

孩子有时候可能不敢选择难度较大的目标，父母可以引导孩子选择有一些难度、需要努力一番才能实现的目标。只有难度大一些，有挑战性的目标，孩子在实现目标时才会获得满满的成就感，愿意不断挑战自我。

父母还可以在孩子实现目标，或者阶段性目标后，为孩子举办庆祝活动。父母可以让孩子分享他付出的努力、自己的心理路程。这样孩子就会明白他所有的付出、所有的辛苦都是有价值的，也能让孩子变得更加坚韧、自信。

6. 从现在起，这些事让孩子自己拿主意

场景回放

小胧小心翼翼地问妈妈："妈妈，可以给我5元钱吗？"妈妈愣了一会儿说："你要钱做什么？零花钱花光了吗？"小胧回答："明天我和莉莉约好了，要一起去买零食。"

妈妈："你们要去哪儿买？买什么？"小胧："课间的时候，去学校的小卖部。"妈妈听完有些不放心，于是便问："你们要买什么？"小胧："冰激凌。"妈妈："吃冰激凌容易拉肚子……"

场景分析

有些孩子虽然乖巧听话，让父母省心，但却没有什么主见。无论大小事，自己都拿不定主意，穿什么样的衣服、学习哪些知识、零花钱要怎样花……都依赖父母帮忙做决定。

父母觉得孩子太小，不会自己拿主意，便习惯了事事帮孩子拿主意，

进而忽视了孩子的需求和想法。甚至，当孩子坚持自己的意见时，有些父母还会责备孩子，强迫孩子听话。还有些父母过于焦虑，或者过于在意孩子，所以喜欢无微不至地关心孩子，孩子在学校要吃多少饭，带几支铅笔、几块橡皮等都要帮他拿主意。

父母这样做，是在对孩子施加无形的限制，让他逐渐失去独立思考的勇气与能力。如果连这些无关轻重的小事孩子都不能自己做主，那么等到他长大，需要自己拿主意的时候，就有可能毫无主见，还会下意识地求助父母。

我的一位闺密跟我分享了她的一段教育经历，她在孩子上小学二年级的时候，发现孩子遇到事情竟然只知道听别人的，为了培养孩子的主见，闺密给孩子报了一个可以发展儿童个性的美术班。

但孩子开始上课时，闺密却无语了。当老师安排学生们自由创作时，孩子就坐在座位上不动手，一副不知道该做什么的样子。等了一会儿，终于孩子开口向老师求助："老师，我该画什么？先用什么颜色啊？"

如果孩子习惯了做什么都听从于父母的意见，慢慢就会失去自己拿主意的能力。

父母不愿意孩子自己拿主意，多半是因为怕孩子把事情搞砸。其实，有些小事，就算搞砸了，又有什么关系？孩子做出的决定和父母的想法的确会有不同，存在考虑不周或者失误，但这是基于他自己的眼界、立场和思维方式做出的。只要没有造成不好的影响，父母应该允许孩子犯一点错误。

在最开始的时候，父母可以让孩子尝试在一些小事上拿主意，慢慢地提升孩子做决定的能力。

给父母的建议

当孩子意识到可以为自己的事情做主时，内心会生出自豪感和责任感，进而乐于为做出更好的决定而努力思考。

1．根据年龄让孩子拿主意

父母可以根据孩子的年龄，决定哪些事情可以让他自己拿主意。

幼儿时期，孩子可以决定穿哪一件衣服、玩哪个玩具。比如，父母可以拿两种不同的零食摆在孩子面前，让他选一个。

学龄前的孩子可以让他们决定如何分配时间。比如，上午有两个小时的游戏时间，可以让孩子自己拿主意决定先玩哪一种游戏、后玩哪一种游戏。

上小学时，孩子可以决定具体怎么做事。比如，孩子可以决定重点学习哪一个科目，如何学习。

上了初中的孩子渐渐懂得权衡利弊，且有一定的自制力，父母可以彻底放手，在必要的时候给孩子一些建议即可。

2．语气平和

很多父母会下意识地用严厉的语气对孩子说话，告诉孩子“必须……”“不能……”只要不是关乎安全、健康的事情，父母都可以保持平和的语气，亲切地和孩子解释，或者直接抱住孩子，阻止他。这样既可以教导孩子，又不会让孩子变得唯唯诺诺。

7. 足够信任，相信孩子有能力搞定

场景回放

妈妈：“快点写作业。”

子轩：“我知道，你别老盯着我。”

妈妈：“我就是盯着你，你都会写到晚上 10 点，不盯着你，晚上 12 点你也写不完。”

子轩郁闷地低下了头。

场景分析

大多数父母都喜欢叮嘱孩子注意保暖，于是网上就有人调侃说：“有一种冷，叫妈妈觉得我冷。”父母不只不信任孩子可以感知冷暖，还总担心孩子做不好、做不对，或者不愿意去做。于是，父母便习惯于忽视孩子的感受，只凭自己的感受、想法来作判断，把孩子管得密不透风。

著名女作家三毛曾在一篇文章中提到，她最害怕的人就是自己的母亲。母亲会在三毛单独上街的时候，追上前反复叮嘱：“绿灯才可以过街，红灯要停步，不要忘了，这很危险的呀！”母亲要三毛给亲戚们签名送书，三毛听话地开始写，母亲又说：“余玉云姐姐的玉字，是贾宝玉的玉，你要称她为姐姐。不要写错了，红楼梦中宝玉、黛玉的玉，笔画是……”吃鱼时，母亲担心三毛被刺卡住。三毛穿衣服，母亲也要提意见……三毛说：

“回想起来，每一度的决心再离开父母，是因为对父母爱的忍耐已到了极限。在这份爱之下，母亲化解了我已独自面对生计和环境全然的责任和坚强——她不相信我对人生的体验。”

有些父母也如三毛的母亲一样，打心底里不信任自己的孩子。牙牙学语也好，成家立业也罢，在父母眼中，孩子永远都只是孩子，孩子没了父母的叮嘱、教导，就会把事情搞砸。这种不信任，将父母与孩子置于对立的两端，孩子只能选择顺从，或是反抗。顺从会让孩子愈发依赖父母，觉得自己不行；反抗则容易与父母爆发冲突，让孩子陷入痛苦与挫败中。

父母不信任孩子有能力解决，会严重挫伤孩子的积极性与自尊心。孩子很可能逐渐丧失探索和尝试的勇气和意识，难以独立自主地生活。

教育家陶行知先生说过：“教育孩子的全部秘密在于相信孩子和解放孩子。”苏联教育家苏霍姆林斯基则在《要相信孩子》一书中指出：“不管是出于孩子的天性，还是在后天成长中，孩子对信任的需求都是非常迫切与必要的。”

父母不妨给予孩子足够的信任，让他感受到被信任的感觉，当孩子相信自己有能力做好一切的时候，他的内心就会充满力量，有勇气和自信去尝试。父母信任孩子，让他独立做事，孩子肩负责任，就会有意识地把任务完成得更加出色。当孩子战胜困难与挑战时，他会体验到成功带来的自豪与自尊，感受到自身的价值。另外，孩子也会积累许多经验，提升各个方面的能力。

给父母的建议

信任使父母与孩子变得平等，孩子会更加尊重、敬爱父母，也会更愿意亲近、服从父母。父母在教育孩子时也能有的放矢，获得更好的效果。那么，父母究竟要怎么做，才能给孩子足够的信任，培养孩子的能力？

1. 鼓励孩子尝试

父母要给孩子准备好一切他需要的东西，并多演示几次应该怎么做，等孩子学会了再让他自己做。如果父母担心孩子，可以说“10 分钟后我再来检查，加油！”然后远离孩子所在的空间，相信他能够做到。

如果孩子求助，父母可以适当地引导孩子，如果时间到了，孩子还没有做好，父母可以给孩子一些指点和帮助，但不要完全代替孩子做事。

2. 给孩子制造小麻烦

父母可以给孩子制造一些小麻烦。比如，我在收拾衣服时，会刻意把老大和老二各自喜欢的衣服拿走，分别对他们说：“妈妈记性不好，忘记把衣服放哪里了，你能帮我找找吗？”父母还可以“遗忘”，比如忘记倒水、忘记监督孩子检查作业等。这样的事情多了，孩子就会不放心父母，逐渐减少依赖，尝试自己独立做事。

如果父母实在不放心孩子，可以想象一下，最坏的结果是什么，这个结果父母和孩子是否能够承受。比如，孩子作业写不好被老师训斥，被批评之后父母只要稍加引导，孩子就会变得更加认真努力，那么这种结果就是可以接受的。

8. 给孩子一些自由支配的时间

场景回放

暑假来了，妈妈给诗琪报了小提琴、奥数、英语、演讲、民族舞等几个兴趣班，诗琪每天的时间都被安排得满满当当。

好不容易，兴趣班结课了。距离暑假结束还有几天，诗琪求妈妈，让她痛痛快快玩几天。但妈妈却拒绝了，她要求诗琪在家预习下学期课程的内容。

场景分析

部分父母认为，给孩子自由支配的时间，不加约束，会让孩子变得更坏。但实际上，父母把孩子的所有时间都安排得明明白白，才会对他们造成恶劣影响。父母拿走了孩子的时间，孩子就没有条件学会如何自己安排时间，也就不能掌握生活的节奏。孩子一旦长大远离父母，没有父母帮忙管理时间，孩子就有可能难以适应，不知道该做些什么，进而虚度许多时光。

有些父母认为，管理孩子的时间，细致而严格，紧张的时间安排吞噬了孩子独立自主的意愿。孩子没有时间了解自己的所思所想，更没有时间发现自己的兴趣所在。于是，孩子虽然每一天都忙忙碌碌，但无论做什么都缺乏动力。在父母的安排下，孩子的时间被无限制地占用，他们长期处于紧绷的状态，常常会不自觉地发呆、放空，学习效率就会大打折扣。

我曾看到这样一个小故事：一家公司中有一个大鱼缸，其中装了许多条小鱼。一天，董事长的儿子不小心将鱼缸打碎了。员工便把小鱼放进水池中。一个月后，员工把鱼放进新买的鱼缸中。员工们惊讶地发现，小鱼长成了大鱼。员工们感到费解，为什么这些鱼会突然长大？有人认为是水池中有食物，有人认为是水质变好……其实，最主要的原因是，水池远比鱼缸要大得多。这就是人们所说的“鱼缸法则”。

孩子就像小鱼一样，需要一片广阔的心理空间来发展自我。父母不妨给孩子一些时间自由支配，让孩子在这段有限的时间中，尽情去做他想要做的事情。

知名教育家苏霍姆林斯基曾在执教的学校里做过这样的安排：学生们在上午上课，下午则是自由安排时间。学生们可以按照自己的意愿，选择不同的课程、兴趣班和实践活动。渐渐地，这些学生的生活变得井然有序，他们具备了系统组织时间的能力，性格也变得乐观独立。

美国纽约大学的尼尔波兹曼教授认为，只有在闲暇时，人们才会花时间思考和学习。父母给孩子更多自由支配的时间。孩子可以和好朋友待在一起玩耍、聊天，也可以独自沉思，看几集动画片，也可以在户外玩……无论孩子选择做什么，他都可以更好地认识自己和外界。这不仅有利于调节孩子的心情，还能劳逸结合，提高孩子的学习效率和积极性。

给父母的建议

给孩子一些时间自由支配，孩子才能慢慢学会如何安排时间，进而管理好自己与生活，变得更加独立自主。那么，给孩子时间自由支配的同时，父母需要注意些什么呢？

1．控制时间

父母可以控制孩子自由支配的时间，让他在一个固定的时间段自由活动。父母可以每天给孩子半个小时或者一个小时的时间，如果当天没有空闲，也可以在周末补上。不同年龄段的孩子自控能力的发展程度也不同，因此，对于年龄小一点的孩子，父母可以少给孩子些自由支配的时间，对于年纪大一点的孩子，就多给他一些自由支配的时间。

另外，父母还需要确保不侵占孩子的睡眠时间，充足的睡眠时间对孩子的健康发育十分重要。所以，父母最好在确定孩子会有足够的睡眠时间后，再来决定当天哪个时间段可以让孩子自由支配。

2．制订时间计划

父母可以教孩子制订时间计划，然后把自由支配的时间纳入其中。父母需要事先教会孩子如何合理规划时间、节约时间。等孩子把时间计划制订好后，父母可以引导孩子修改不合适的地方。

到了自由支配的时间，父母就无须干预孩子，只要不是危险的活动，就可以让孩子自己安排。如果孩子不知道自己想做什么，父母可以引导孩子尝试各种各样的休闲娱乐活动或者学习活动，孩子体验过后，自然就会把时间和精力投入到他最想做的事情上。

第三章

掌控时间，让孩子跟拖延说“拜拜”

1. 放学后先玩还是先写作业？正确顺序是这样的

场景回放

淘淘刚上小学的时候，妈妈看他每天上学辛苦，放学后就会让他先玩一会儿，然后再做作业。但没想到，孩子玩得高兴，就没有心思写作业了，拖拖拉拉地一直要写到很晚。

于是，妈妈便让淘淘回家后先写作业，写完作业才能玩。但淘淘总是忍不住想玩，写作业不仅效率不高、写得慢，还常常敷衍了事。既没学好，也没玩好，妈妈苦恼，淘淘也不开心。

场景分析

很多孩子放学回家后，就想要尽情地玩耍，放松一下紧绷的神经。但父母知道，孩子的书包里还装着没有写完的作业，于是不少父母就有了一个困惑：放学后，到底是该让孩子先玩，还是先写作业？

有些父母倾向于让孩子先完成作业，然后再去玩。这样做的理由大概就是，先写作业可以让孩子养成“先完成任务，再玩耍”的好习惯，让孩子不拖延、更自律。孩子习惯了自律，就会变得越来越优秀。并且，只要及时把作业写完，剩下的时间孩子就可以毫无负担地玩耍了。先把作业写完了，也可以避免出现孩子熬夜写作业的情况。

但让孩子先学习也有坏处。孩子上了一天的学，已经十分疲惫了。回到家的时候，大脑可能已经很累了，什么都不想了。这时，孩子的状态很差，如果没有给他足够的放松时间，而要求他赶紧写作业，孩子在写作业这件事上，效率就会低下，变得思维迟缓。

还有些孩子写完作业后，想要出去玩，发现天早就黑了。看了两集动画片，父母就来催促孩子赶紧洗澡、睡觉。孩子发现自己费劲写完作业后，根本没有多少时间玩，就会觉得自己被骗了，有可能出现“与其抓紧时间写作业，不如在写作业的时候抓紧时间玩”的想法，然后孩子迟迟完不成作业，也没办法痛痛快快玩一场，就此陷入恶性循环。

而大部分孩子则更想在放学后玩过瘾，然后再去写作业。这样做的好处是可以提高孩子的学习效率。科学研究表明，快乐的运动、玩耍，会使孩子体内持续分泌多巴胺，多巴胺具有提高记忆力的效用。也就是说，孩子痛快地玩过之后，孩子可以学得更好，记得更快、更多。适当地玩耍也是让孩子的大脑休息一会儿，劳逸结合，可以让孩子精力满满地投入到学习中，同时，也可以提高孩子对学习的积极性。

但年幼的孩子缺乏自控力，他们很可能玩得太高兴，或者没有尽兴，就不愿意去写作业了。而长时间、运动量大的玩耍会让孩子感到疲劳，进而没有多少精力去写作业了。孩子很容易在写作业的过程中，回味着刚刚快乐的游戏时光，或者干脆趴在桌子上昏昏欲睡。有些孩子在玩的时候，想着还有反正作业也不多，就会忍不住多玩一会儿。久而久之，不仅作业常常写到很晚，还容易养成拖延的习惯。

两种模式都有利有弊，父母或者可以根据孩子的具体情况、年龄，来决定是先写作业，还是先玩耍。

如果按照年龄来看，上小学一二年级的孩子，大多很喜欢玩的，且不大能适应校园生活。对于这个时期的孩子来说，放学后玩耍 30 分钟，短暂地放松一下会比较好。上小学三四年级的孩子，已经初步适应了学校生活。加上这个时期的学业难度逐渐提高，作业也逐渐变多，可先写作业，既可对所学知识巩固，又可以提高学习的效率。到了五六年级，孩子的作业会变得更多、更难，需要花费更多的时间。此时，父母可以让孩子集中精神学习一段时间，然后给孩子 10 分钟休息，这样适当地放松可以帮助孩子缓解压力，让他在学习时更加专注。

父母也可以根据孩子的具体情况来定。如果孩子喜欢学习、性格安静，父母可以让他先完成作业。如果孩子精力旺盛喜欢玩，在写作业时就容易走神，坐不住，并找各种借口磨蹭。父母就可以让孩子去户外走一走，或者透过窗户眺望下远方。

放学后让孩子先玩还是先写作业，其实没有一定正确的顺序，父母结合实际情况，慢慢尝试，总能找到适合孩子的模式。除此之外，父母也可以参考以下小方法，帮助孩子获得更好的体验。

给父母的建议

1. 提前做好时间规划

父母可以让孩子提前做好时间规划表，写明什么时间段做什么。父母可以跟孩子商量好，计划表最短执行多长时间，可以是几天、几周。在执行过程中，孩子需要做好记录，写清楚计划的完成情况，方便在之后做出调整。

2. 限定完成作业的时间

父母可以限定孩子完成作业的时间，不会做的可以先空着，等把简单持题做完后再请教父母，其余的一定要在规定时间之内做完。时间一到，即使没写完也不能再写了。这样做有利于孩子专注于写作业，提高效率。

2. 避免迟到，从小教孩子学会守时

场景回放

场景分析

很多孩子都喜欢迟到，上学、参加活动总要磨到最后一刻，和其他人约定好了时间，也要姗姗来迟，让人家等着他……孩子喜欢迟到的原因有很多，缺乏对时间的正确认知就是其中之一。对很多年纪较小的孩子来说，玩耍大半天，就是很短的一段时间；吃饭十分钟，却十分的漫长。所以，当孩子本身不是很期待之后的活动时，他就会安慰自己："没关系，还有十几分钟呢。"他在脑海里将这十几分钟不断放慢、拉长，拖延到迟到。

有些孩子则是对在路程上花费的时间缺乏正确认知。这些孩子往往高估了自己的速度，并低估了到达目的地的难度。比如，需要步行半小时才能到达目的地，孩子却只给自己预留 15 分钟。他觉得自己可以一路飞奔，却忽视了等红绿灯、道路拥挤等状况所花费的时间。

孩子迟到一次后，会迅速意识到自己的错误，但这时，有些父母就会替孩子开脱。比如"老师，孩子有点不舒服，所以晚了一点。"再比如"不好意思，路上堵车，我们来晚了。"迟到后，孩子大多知道是自己做错了，但经过父母的三言两语，错误轻易地被宽容了。于是，孩子就会觉得迟到也没有什么问题。下次他还是会迟到，并且不会感到自责、抱歉。

那些总是上课迟到的孩子，他们往往会慌慌张张、心虚不安地走进教室，在众人异样的目光下，询问同桌课讲到哪了……等孩子平复心情，进入状态，一节课至少也过去 10 多分钟了。如果没有及时补上前面错过的内容，久而久之，孩子的学习成绩就会大幅度下滑。

教育学家认为，在 12 岁之前，是孩子养成习惯的关键时期，如果孩子习惯了迟到，他的时间观念和规则意识就会愈发单薄，变得拖拖拉拉、随心所欲。如果孩子现在对迟到满不在乎，以后就有可能变成赶不上重要的考试。孩子现在让小伙伴苦等，长大后就可能错过和客户的会议……迟到不仅会让孩子错失很多机会，还会给他人留下不好的印象。

梁实秋先生有一句话：“时间其实和空气一样，是每个人一生唯一公平的东西，每个人的时间都有限。你总是因为自己的原因去耽误别人的时间，你就会失去了信用，失去了别人的尊重。”

给父母的建议

父母不妨从小教孩子守时，让孩子明白迟到不仅会影响自己，也是在浪费他人的时间。那么，父母具体可以做些什么呢？

1. 告诉孩子为什么要守时

樊登曾对儿子说：“守时代表着对他人的尊重，每个人都希望和尊重自己的人打交道，所以不迟到的人会受到大家的欢迎，这是一个很好的习惯。”父母也应该告诉孩子为什么要守时。比如，“你按时到就能和小伙伴多玩一会儿，小伙伴也不会因为等累了，就回家休息。”再比如，“不迟到的话，你就可以听到老师讲的故事了，迟到就没有了。”父母可以用孩子听得懂的话，把守时的理由都告诉孩子。

2. 送孩子一个计时器

父母想要孩子不迟到，最好的方法就是培养他的时间观念。因此，父母不妨送孩子一个计时器。

孩子一般都对外观可爱的沙漏或计时器等十分感兴趣，父母可以利用这些物品让孩子更加直观地认识时间。比如，当孩子刷牙时，父母可以说："开始计时了，让我们测一下，有没有刷满三分钟？"孩子刷完牙一看计时器，就会知道原来自己刷牙的时间比三分钟多一些，或者少一些。多试几次，孩子就会明白三分钟大约是多长时间了。

3. 与孩子做约定

我是这样与孩子做时间约定的，约定好几点钟出发。为了防止突发状况，父母最好建议孩子提前十分钟出发。我问孩子："你是想要八点出发，还是八点十五出发？"孩子做出选择后，我不做催促。时间快到时，我告诉孩子："我在门口等你，准备好了我们就出发。"

如果孩子磨磨蹭蹭，没有按时出发以致迟到，父母可以告诉孩子："迟到了是你自己的错误，老师 / 小伙伴不高兴也没有办法。"当孩子承担过迟到的后果，自然就会更加自觉，不再迟到了。

3. 事先约定具体时间，防止孩子拖延

场景回放

妈妈："晓琪，怎么还没有把你的衣服晾好？"

晓琪："又不着急，等我看完这一集。"

妈妈："我们说好的，晾衣服是你今天的任务。"

晓琪："您就不能等一会儿吗？"

场景分析

父母总是不厌其烦地告诉孩子“你只能看半个小时动画片”“你玩够半小时，就去睡觉”“给你 10 分钟，快点收拾好东西准备出门了”……但孩子听到后，往往只是说一声“知道了”，然后继续磨磨蹭蹭，拖到不能拖的那一刻为止。

在父母看来，自己已经和孩子达成了约定。但对于孩子来说，这不过是一些烦人的唠叨，不需要听从。甚至，有的孩子还会觉得父母在限制自己，从而产生抵触和反抗的情绪。

即便是做了明确约定，孩子仍然会说话不算数，各种讨价还价甚至耍赖。比如约定了 6 点开始写作业，但孩子提出先看 10 分钟动画片；约定了 9 点睡觉，孩子提出再玩 10 分钟；昨天没有玩游戏，孩子提出今天把昨天的游戏时间补回来等。

孩子很聪明，他们懂得利用撒娇、耍赖等方式，来让爸爸妈妈、爷爷奶奶心疼、妥协，纵容他们不断拖延时间。因此，想要纠正孩子，父母最好和全家人统一意见，向孩子展示坚定的态度。

如早上几点起床、每天学习多长时间等不能妥协的事情，即便孩子再怎么耍赖，父母都需要坚持原则，不给孩子耍赖的机会。当孩子提出要求时，父母可以仔细思考一下，有没有可能灵活处理，再把自己的决定和理由告诉孩子。尽量不要立即拒绝孩子，这会使得孩子认为，父母没有认真倾听，进而不认同父母的决定。

当孩子发现，无论他如何耍赖、撒娇，父母都会以合理的理由拒绝自己时，他就会明白这件事是不可以拖延的。久而久之，孩子就会自觉遵从约定。

对于孩子的不同意见，父母可以适当听取，或者和孩子商量出一个双方都能接受的解决方案。这样做，孩子会感受到自己是被尊重的，而非整天被父母居高临下地安排。有了掌控感和安全感，孩子才会乐于克制欲望和惰性，更加积极主动地完成任务。

给父母的建议

那么，父母要如何做，才能让孩子愿意答应并遵守约定，到时间就乖乖开始行动呢？

1. 与孩子打赌

父母可以和孩子打赌，如果孩子能在约定好的时间做完事情，那孩子就算赢，父母可以给孩子一个奖励，或者答应孩子一个合理的要求。如果孩子没有遵守约定，孩子就要接受惩罚。

父母可以先“激将”孩子，比如“爸爸妈妈也不想催你，但不催你，你能保证三点钟的时候……”这时，孩子就会很不服气。

然后，父母就可以说：“要不我们今天来打个赌，如果你能在下午三点钟前……就算爸爸妈妈输，到时候就给你买新出的漫画。如果你到了时间还在玩，或者一边做一边玩，那就是你输了，你今天看动画片的时间就没有了，怎么样？”

2. 利用仪式感约束孩子

仪式感就是利用固定流程帮助孩子确立条件反射，对帮助孩子养成习惯，约束孩子遵守约定，都有着不错的效果。

比如，当父母和孩子约定好了时间，可以制作简单的协议，让孩子按手印，或者签上自己的名字。这种非常正式的确认，会让孩子产生一种庄严的责任感，决定要努力去完成。

3. 约定提醒暗号

很多孩子在和父母约定好后，可能到了时间就会忘记。所以，父母还可以和孩子约定一个提醒暗号。比如，父母可以和孩子约好，当某一首音乐响起的时候，就代表着到了做某一件事的时间。或者，父母也可以与孩子约定：“当爸爸妈妈捏捏你的小脸蛋，就说明你应该……”父母可以采取孩子喜欢的方式，来唤醒孩子对约定的记忆。

如果孩子还是没有记起约定，或者赖账不认，父母可以借助孩子喜欢的玩偶，或者卡通形象督促孩子。比如，父母可以藏在玩偶后面配音：“佩奇说三点钟到了，该和宝宝一起……了。”父母还可以配音说：“佩奇说最喜欢遵守约定的小朋友，宝宝你不想做佩奇最喜欢的小伙伴吗？”

4. 孩子赖床，如何纠正最有效果

场景回放

一阵闹铃声响起，张圆被猛然惊醒。他伸出手，将闹钟按停，继续睡觉。妈妈见状说：“你该起床了！7点了！”张圆：“知道了，马上！”妈妈得到回应，赶紧去厨房做饭。

张圆盖上被子继续睡，不一会儿，闹钟又响了，张圆烦躁地拿过闹钟，又将其按停。然后，她翻了个身接着睡觉。

场景分析

很多孩子都喜欢赖床，每天的起床时刻，就是父母与孩子拉锯战的开始。父母与其想尽办法把孩子从被窝中拖出来，不如使用恰当的方法，让孩子自己掀开被子。孩子为了多睡三五分钟，每天早上都不厌其烦地与父母斗智斗勇。其实，这不仅仅是出于贪睡，背后的原因有很多。

第一，睡眠不足、睡眠质量差。孩子在长身体时，需要保证充足的睡眠。如果孩子入睡时间过晚，孩子没有充足的睡眠，自然会想赖床。如果孩子在入睡前心情不好，或者做噩梦，就会影响到睡眠质量。睡眠质量差，孩子感到不舒服，就会想要再睡一会儿。

第二，父母的叫醒方式太粗暴。孩子赖床时，很多父母都会很不耐烦地批评、催促孩子，甚至直接掀开被子，把孩子从被窝里“拉”出来。这时，孩子就会感到烦躁、抵触。

第三，假期后遗症。孩子上学时都是早早起床，放假了就会报复性地睡到日上三竿。孩子放假时睡懒觉，晚上很晚才入睡。到了第二天上学的日子，就很难马上调整好作息，总忍不住多睡一会儿。

第四，不想面对现实。孩子不肯起床，或许是不想面对起床后的事情。比如，冰凉的衣服、课堂小测试，有不喜欢的人的学校……这些令人难过的现实，让孩子只想把头埋进被子里。

赖床虽然只是在被窝里多待一会儿，却可能让孩子来不及吃早饭，早饭吃不好会影响上午上课的状态。在赖床的时候，大脑会消耗大量的氧，使大脑短暂地处于类似于“营养不良”的状态，感到头昏脑涨。

经过一晚上的休息，早晨时孩子的肌肉、骨关节变得比较松缓。如果醒来后可以立即起床，就能使肌组织活动、修复。但如果孩子躺在床上不动，肌组织没有活动，起床后就会感到腰酸腿软、肢体无力。孩子感到各种不适，就更想在床上多躺一会儿，久而久之，就会习惯这种拖延的行为，自制力下降。

著名作家林海音曾在《爸爸的花儿落了》一文中介绍了自己赖床的故事，一年级时，林海音总是赖床起不来，但爸爸又不许她乘车去上学，任凭她耍赖哭闹，坚持让她自己走着去学校。在意识到这件事没得商量后，为了不因迟到被罚站，林海音只好早早起床出门，成了“每天早晨等待着校工开大铁栅栏校门的学生之一”。

孩子赖床很正常，父母其实无须浪费许多时间去催促孩子，而应该坚定地表达自己的态度，并让孩子自己去承担赖床的后果。父母态度坚定且平和，让孩子感受到父母的信任，自觉按时起床。在此基础之上，父母还可以参考以下方法，轻松叫醒孩子。

给父母的建议

1. 与孩子提前做好约定

父母可以在睡前与孩子做好约定，让孩子提前做好心理准备。父母可以询问：“你想要妈妈怎么喊你起床？”并给孩子提供几个选择，比如一个早安吻，或者说“我的小宝贝要起床啦”。父母让孩子选择他喜欢的方式，他就会更愿意接受。

父母也可以提前 5 ~ 10 分钟叫醒孩子。比如："马上要起床啦，现在清醒一下，5 分钟后妈妈再叫你，你就起来，好不好？"这样孩子就会比较容易接受。

2. 用环境叫醒孩子

父母可以利用环境叫醒孩子。比如，父母可以缓缓拉开窗帘，让室内逐渐变亮，以此唤醒孩子。研究发现，相比于声音，光线带来的视觉刺激更容易使人清醒。如果是下雨天或阴天，父母可以利用灯光来调整光线，从而来叫醒孩子。

再比如，父母可以准备一些香喷喷的食物，端到孩子附近，以此叫醒孩子。父母还可以放一些轻柔的音乐，如儿歌等叫醒孩子。

5. 孩子经常晚睡，如何保证乖乖上床

场景回放

妈妈最近很烦恼，儿子原帅才刚上小学，就天天晚睡，到了晚上 10 点多还不上床，在房间里玩耍、喊叫。妈妈不想让孩子晚睡，但无论怎么做，孩子就是不肯早早上床睡觉。

场景分析

每当晚上睡觉的时候，如果孩子不听话、不睡觉，父母就开始伤脑筋了。好不容易孩子肯上床了，却在床上蹦蹦跳跳，或者瞪着眼睛精神百倍。任凭父母责骂吼叫，把自己搞得精疲力竭，孩子还是不睡。

父母大都知道孩子熬夜不睡觉，缺少睡眠会影响孩子的身体发育，降低孩子的免疫力。第二天起床，孩子还会犯困走神、精神不振，难以高效学习。但父母或许不知道，睡眠不足还会影响孩子的情绪，孩子很容易进入一个亢奋的情绪状态，变得暴躁易怒，很难平静下来，甚至还会出现困过头，无法入睡的情况。

研究发现，熬夜等于慢性自杀。一开始，孩子们只是一天比一天更容易感到困倦，觉得自己需要多睡一段时间。当持续熬夜 8 天时，孩子就会出现反应迟缓、短期记忆力下降等问题。第 9 天时孩子就会出现幻觉，愈发呆滞，思想偏执，视线模糊。30 天后，孩子就有脱发、内分泌失调、炎症等症状。长期缺乏睡眠，20 ~ 30 岁时，孩子的心脏很容易出现问题，患心脏病的概率远超正常睡眠的人。

《发现控制昼夜节律的分子机制》一文中指出，成年人每天大致需要保持 7 ~ 8 小时的睡眠，青少年则需 10 个小时。父母引导孩子早点入睡，保持充足的睡眠，孩子才能维持健康的体魄，神清气爽地面对新的一天，精力充沛地做好每一件事。

而早睡的孩子气血较高，大脑的运行畅快，记忆力也好，读书时事半功倍。父母可以将熬夜的危害告诉孩子，如果孩子还是不愿意按时睡觉，那么父母就需要探究他行为背后的原因了。

有些孩子害怕噩梦与独处。对于年幼的孩子来说，黑暗代表着未知，他会很害怕自己一个人待在黑暗中。同时，年幼的孩子很难区分想象与现实，他会把噩梦当作自己的真实经历，以为闭上眼睛就会再次遭遇恐怖的经历，于是迟迟不敢入睡。如果是这种情况，父母需要认同孩子的情绪，陪伴他度过害怕的时光。

有些孩子是因为缺乏安全感。尤其是刚开始和爸爸妈妈分床睡的孩子，周围的一切都会让他们感到陌生而可怕。当最亲近的爸爸妈妈不在身边时，他会觉得自己在危险的环境中失去了保护，耍赖哭闹，抗拒上床。

还有很多孩子是因为没玩够，才不想睡觉。很多孩子白天的时间都用来学习，只有睡前的时间是相对自由的。当父母压缩了孩子的玩耍时间时，孩子就会想要留住这段没有安排的时间而尽情玩耍。另外，有些孩子睡前喜欢看视频、玩游戏，大脑运动活跃、情绪也十分兴奋，就感受不到困倦了。当被父母要求睡觉时，孩子只会想“我还不困，睡不着，不如接着玩。”

给父母的建议

虽然孩子还小，但拒绝父母的要求，不去睡觉也是坚持自己意愿的体现。父母如果一味强迫孩子，很可能让孩子更加抗拒。那么，父母可以怎样做呢？

1. 告诉孩子到了睡觉的时间

父母可以告诉孩子到了睡觉的时间，使他产生认同感，主动酝酿睡意。父母可以抱着孩子看夜晚的天空，说：“天黑了，太阳都回家睡觉了。”

或者说：“爸爸妈妈要去睡觉了，我们一起说晚安好不好？”此时，孩子就会觉得，大家都去睡觉了，那我也应该睡觉。

父母还可以拿着孩子喜欢的毛绒公仔说：“你看，现在是小熊的睡觉时间，你也赶紧躺下，拍拍它，哄它和你一起睡。”孩子在陪伴、照顾玩具的过程中，就会不知不觉地入睡。

如果是大一点的孩子，父母可以提前一段时间对他说：“马上就要睡觉了哦，你是想先洗脸，还是先刷牙？”此时，孩子会顺着爸爸妈妈的思路做出选择，配合上床睡觉前的动作。

另外，父母无须要求孩子一定在一个精确、固定的时间入睡，只要能保证孩子睡眠充足，早半小时还是晚十分钟，都可以和孩子商量。比如，如果平时规定 9 点上床睡觉，那么周末就可以允许孩子晚睡半个小时，但前提是一定要按时起床。

2. 用承诺来提前满足期待

当孩子不想睡觉的时候，父母可以用承诺来提前满足孩子的期待。比如，父母可以说：“9 点前去睡觉，可以让你明天多玩半个小时。”孩子知道明天还有时间玩，就会更配合一些了。

再比如，孩子刚开始和父母分床睡时，父母可以告诉他：“爸爸妈妈过一会儿就会来看你一次，放心睡吧，爸爸妈妈在外面保护你。”然后，父母可以交替，每隔几分钟来看一次。这可以让孩子意识到父母一直陪在自己附近，渐渐地，孩子就能自己安抚自己，克服害怕的情绪，安然入睡。

父母耐心引导孩子准时上床睡觉，久而久之，孩子就会养成按时入睡的好习惯。这不仅是让孩子拥有充足的睡眠时间，还是让他拥有优秀的睡眠质量。

3. 禁止孩子在睡前做这些事情

孩子在睡前的一些行为会导致孩子失眠，父母可以禁止孩子做。比如，睡前玩手机、平板计算机，父母可以到了时间就把手机收走，代替孩子保管。

再比如，孩子在晚上写作业时，吃零食、喝饮料或吃含有咖啡因、茶碱的食物，会阻碍人体生产促进睡眠的化学物质，使孩子精神起来。因此，晚餐后，父母尽量避免给孩子吃这些东西。

6. 当孩子说“明天再做”的时候，这样告诉他

场景回放

妈妈：“等会儿不是要去上游泳课吗？你怎么还不收拾东西？”

梓锐：“妈妈，我好累啊，不想去上课！”

妈妈：“你今天只写了一个小时的作业，然后就坐在沙发上，玩到了现在……”

梓锐：“明天，我可以跟着其他伙伴一起，连着上两堂课。”

场景分析

很多孩子都喜欢把今天的事情推到明天去做，然后把明天的事情推到后天去做，推来推去，最后事情就只能不了了之，或者潦草结束。父母明明已经预感到结果，但看着孩子那个胸有成竹的小表情，便觉得今天放松一下也没什么大不了的。

不怪父母不会拒绝孩子，很多父母自己本身就是“明天再做”的践行者。比如，有的父母下定决心每天去跑步减肥。但下班回来后，就只想躺在沙发上，哀叹“今天太累了，不如从明天开始。”想到明天的自己会“改过自新”，于是今天便会更加放纵一些，自控力也跟着逐步下降。

相较于父母，孩子对明天更加乐观，总觉得明天的自己就会严格地执行计划。但今天不想做、不会做的事情，明天同样还是不想做、不会做。而“明天再做”就像一味安慰剂，麻痹孩子和父母不断放弃今天就开始行动。

拖延的根源其实就是即时享受的心理，当孩子说出“我明天再做”时，并不是真的要计划明天做，而是单纯地想要今天的享乐，即把此刻玩耍的快感放在了完成困难的任务之前。而且，孩子本身不像大人对时间有紧迫感，对明天的感知是模糊的，所以才会习惯性地把事情推给明天再去完成。在孩子眼里，明天就意味着无限的未来，压根儿就不能理解明天还有明天的事要做这种道理。

给父母的建议

那么，父母要如何确保孩子做到“今日事今日毕”呢？

1. 制作每日任务清单

每天早上，父母都可以空出一段时间，用来引导孩子梳理今日需要完成的事情。父母可以和孩子讨论，哪一个时间段做哪一件事。最好先从简单的、孩子喜欢的事情开始做起，这可以提高孩子的积极性，帮助他克服惰性和抵触情绪。

父母需要听取孩子的意见，如果孩子的意见不合理，父母可以尝试说服孩子，或者一起寻找解决方法。当双方意见达成一致后，父母可以和孩子一起写清楚，或者画清楚时间和对应的任务，制作每日任务清单。

孩子每完成一个任务，父母就可以让孩子在清单上贴一颗星星，作为奖励。睡前，父母可以拿着任务清单，和孩子一起回忆他今天都完成了哪些任务，肯定并夸奖孩子优秀的表现。这有助于让孩子获得成就感，对孩子进行正面强化。

另外，任务顺序确定后，父母可以引导孩子将这个顺序固定下来。这样做，孩子就会对自己每天要做的事情有一个基本的印象，获得掌控感的同时，做事也会更加流畅。

2. 让孩子立刻去做

如果孩子在完成单项任务时喜欢磨蹭，父母可以引导孩子养成“时间一到，就立刻去做”的习惯。提出“20 秒法则”的心理学家肖恩•埃科尔认为，当一件事的启动时间超过 20 秒时，这件事就会很难进行下去。

比如，看电视只需要拿起遥控器一按就可以开始观看，所以看电视对于人们来说，就非常容易进行下去。但如果是孩子写作业，他需要回忆起今天要写哪些作业，找出要用的作业本、习题册，拿出文具盒，然后决定从哪一个科目开始。做这些事情的时间远远超过20秒，准备的时间越长，孩子也就越抗拒，或者越难进入学习的状态。

所以，父母可以帮助孩子做好准备工作，或者引导孩子加快做准备的速度。父母可以传授孩子一些技巧，并用计时器训练孩子快速地做好准备工作。久而久之，孩子就会养成“时间一到，立刻去做”的习惯。

7. 设定完成期限，拒绝孩子拖延

场景回放

场景分析

如果没有设定完成期限，很多孩子都会变成“拖延大户”，写作业、吃饭，或者帮父母做一点小事……无论做什么，孩子总是磨磨蹭蹭，能拖一刻是一刻。

有明确的完成期限，孩子才会感到紧迫，才会更加珍惜每一分钟的时间。设定完成期限是时间管理的一个有效方法，父母在工作时也会被领导设定完成期限。

在工作时，很多人都会犯懒、拖延，把宝贵的时间用来做许多没有意义的事情，然后只能回家加班，没有了自己的私人时间。而这个完成期限就像一个定时炸弹，时刻鞭策着你再快一点，再努力一点，在完成期限到来前完成任务。

完成期限同样适用于孩子，父母可以尝试给孩子设定完成时间，让孩子不再拖延。明确的完成期限有助于孩子集中精力去做事，他不再会轻易被其他的事物吸引注意力，而是会全情投入地做好眼前的事情。有了明确的完成期限，孩子行动起来也会更有动力，行动的效率也会大大提高。

每个孩子的一天都只有 24 小时，每一个小时都有他需要做的事情，睡眠、玩耍、学习、进食……如果孩子在一件事上拖延，势必会影响下一件事的完成。比如，本来应该在 9 点之前完成作业，然后去洗漱、睡觉。结果 10 点还没写完，这样下去休息的时间也不得不往后推。这不仅会打乱生活的节奏，还会影响孩子的状态。设定合理而明确的完成期限，才能让孩子充实、从容地过好每一天。

给父母的建议

孩子总是缺乏紧迫感，如果拖延到最后期限还没有完成，就会感到紧张、自责、后悔，久而久之，孩子会不断感受到挫败感，进而否定自己在某方面的能力。父母不妨在设定完成期限的同时，引导孩子做好自我管理，确保他能够合理地分配好时间，严格遵守完成期限。

1. 和孩子达成约定

父母可以和孩子好好沟通，达成约定，让他自觉遵守规则。比如，父母可以问：“现在是十点钟，我看你都睁不开眼睛了，要不要以后每天提前30分钟，九点半上床睡觉？”如果孩子不接受，父母可以给孩子分析利弊。比如，父母可以说：“如果你不能在……前做完……爸爸妈妈担心你没有时间去……（孩子期待、喜欢做的事情）”

父母也可以先问问孩子，他有什么想法。比如“为什么不愿意在九点半上床睡觉？”孩子可能会说“还不困，还想玩。”然后，父母可以和孩子讨论一个解决方案。比如，“那爸爸妈妈提前十分钟多给你讲一个睡前故事，这样你愿不愿意在九点半上床睡觉？”

父母需要保持耐心，直到说服孩子，让孩子认同这个“最后期限”。年龄较小的孩子可能第一天答应，第二天又反悔。这时，就需要父母不厌其烦、日复一日地对孩子解释，说服孩子。持之以恒，孩子就能养成好的习惯。

2. 适当的奖励

对于年龄较小的孩子，父母需要让他明白“到了最后期限就必须要完成”这个规则。父母可以通过奖励让孩子明白这个道理。比如，如果孩子不愿意在规定期限内完成任务，父母可以说：“如果你可以做到……爸爸妈妈就给你把之前的故事讲完。”“如果这周你都可以在九点前躺到床上，周末爸爸妈妈就带你去游乐园玩。”父母也可以实现孩子一些合理的愿望，以此作为奖励。

如果孩子为了按时完成任务而潦草敷衍，父母可以通过减少奖励的方式来保证他的完成质量。比如“虽然你的作业及时写完了，但是字写得没有昨天工整，所以今天的三朵小红花，只能给你一朵。”

3. 合理的惩罚

如果孩子就是不愿意配合，父母就需要对他采取合理的惩罚措施，让孩子明白“必须要在最后期限之前完成任务”。比如，“你没有按时完成作业，所以需要占用你看动画片的时间，把作业写完。”“你昨晚没有按时上床睡觉，所以爸爸妈妈要惩罚你少吃一块小零食。”

另外，父母需要注意，不要把惩罚演变为威胁，比如，规定孩子必须在 9 点之前睡觉，他却磨磨蹭蹭不肯去。父母可能就会忍不住对孩子说：“如果你还不去睡觉，那周末就别想去动物园了！”这样做不仅会让孩子感到沮丧，还会抵触“最后期限”。

第四章

适度满足和限制，让孩子懂得自我克制

1. 父母越妥协，孩子越贪婪

场景回放

场景分析

“给你买，给你买，买完就不能闹了啊”“不哭，不哭，是不是想要这个”……每当孩子因愿望得不到满足而哭闹耍赖时，很多父母会因为疲于应付而生出“先满足他，下次再纠正”的想法，试图用妥协换来一时的安宁。

有时候，因为父母二人态度不一致，比如，妈妈拒绝了孩子的要求，孩子哭闹起来，爸爸赶紧来“和稀泥”，最后孩子的要求还是得到了满足。孩子知道自己有了靠山，自然有恃无恐，更加任性。

但父母的心软妥协，只会让孩子更贪心。当孩子知道哭闹撒泼可以让父母妥协让步，孩子就会做出更多、更过分的行动来试探父母，一步步降低父母的底线。

心理学家鲁道夫·德雷克斯曾说过，孩子很小的时候就能通过观察大人的行为来决定自己的行动策略。欲望是永无止境的，孩子尝过一次甜头，知道了怎么做能让父母妥协，他就会变本加厉。而父母的妥协，则是在一次又一次地向孩子证明，他可以通过胡闹发脾气来争取自己想要的一切。

父母一次次的妥协，会让孩子理所应当地提出要求，甚至长大后心安理得地向父母索取。一旦要求不能得到满足，还会做出严重违反底线的行为，比如，自残、打骂父母等。当孩子成为整个局面的掌控者，父母就会完全处于被动状态，就只能顺从孩子。

父母有必要让孩子明白，无论他怎么哭闹耍赖，爸爸妈妈都会坚持原则。很多孩子的哭闹都具有表演性质，如果发现不管用，孩子就会停止这场“独角戏”。

给父母的建议

面对孩子的无理要求时，父母既不能妥协，又需要安抚好孩子。那么父母该如何做呢？

1. 给孩子一个简单理由

父母在拒绝孩子的不合理要求时，需要给孩子一个简单、有说服力的理由。比如，孩子想要买一个昂贵的玩具，父母可以直接说：“这个玩具的价格太贵了，爸爸妈妈出门没有带这么多的钱。”或者是“你还太小了，这个玩具是给大孩子玩的。”父母不需要隐瞒或者编造理由，只要把真实理由用孩子可以理解的方式说出来就可以了。

如果孩子不接受，那么父母就多重复几遍理由，直到孩子理解爸爸妈妈的难处，可以自己平静下来。

2. 表达坚定的态度

孩子有时会在人多的场合哭闹，很多父母为了不吸引更多人的围观，只能选择妥协。其实，越是这种场合，父母越要向孩子表达自己坚定的态度。当孩子在公众场合大哭大闹的时候，父母可以把孩子带离现场，找一个相对安静私密的环境，慢慢与孩子交流。

孩子可以在安静、私密的空间中发泄负面情绪。期间，父母可以轻轻拍拍孩子的背，给他一点安慰。等孩子平静下来，父母就可以和孩子解释拒绝的原因，并告诉孩子，除非他可以说服爸爸妈妈，否则单凭哭闹，爸爸妈妈是绝对不会答应他的要求的。

2. 警惕“物质”补偿带来的伤害

场景回放

一位父亲在城里的工厂打工，每天工作 12 个小时，为了省钱，常常一包榨菜分两顿吃，他的妻子则靠摆摊赚一点钱贴补家用。但他们每个月会给留守在老家的女儿转 1 500 元的生活费。

女儿的生活过得很阔绰，一双运动鞋花费 700 多元，穿一个月就换新。为了支持偶像，每个月花费上千元……

场景分析

父母在外辛辛苦苦省吃俭用，孩子在家大手大脚挥霍无度，对于孩子的行为，父母常常因为内心的愧疚而选择默默支持。无法陪在孩子身边，是很多父母心中的隐痛，就像网上流行的那句：“放下工作养不起你，拿起工作陪不了你。”迫于生计，无数父母不得不把孩子留在家，自己外出打工。出于“补偿心理”，为了弥补对孩子的亏欠，父母宁可苦自己，也要富养孩子。花费大量的金钱给孩子购买零食、玩具、衣服，无论孩子的要求多么过分，父母还是会顶住压力想尽办法满足孩子。

但这又会给孩子带来什么呢？心理学上有个词叫“棘轮效应”，就是指人的消费习惯在形成之后，存在不可逆性，易于向上调整，却很难向下调整。也就是说，当父母不断满足孩子的物质欲望，孩子形成消费习惯后，他就会想要更多、更贵的东西。尤其是现在流行电子支付，孩子很容易就会把钱当作一串数字，肆无忌惮挥霍父母的血汗钱，甚至惹出大麻烦。比如之前爆出的“15 岁男孩打游戏花光百万，父亲从做生意到干快递”，类似的事件并不少见。

一味在物质上补偿孩子，只会让孩子形成错误的金钱观，后患无穷。孩子不仅仅有物质上的需求，更需要精神上的滋养。前者是生存的基础，后者则是成长的内在动力，二者缺一不可。

给父母的建议

物质上的补偿，填补不了孩子内心的缺憾，反而还有可能让孩子在物质中迷失。那么，如何在精神上满足孩子呢？

1. 多关注孩子的情绪

孩子总会因各种各样的小事感到开心或难过。比如，“成功摸到邻居家的小狗”“和朋友打架，被老师批评了”“奶奶做的菜不好吃”“买了一件漂亮的新衣服”“学校开家长会时，别人都是爸爸妈妈来，只有我是奶奶来”……

如果孩子不常和父母见面、沟通，父母也不主动去问，这些小快乐小烦恼就会被孩子掩埋在心底，等到父母有时间和孩子聊天的时候，孩子往往已经忘记了，不知道该和父母说些什么。

因此，父母可以每天抽出一小段时间和孩子聊天。如果父母和孩子不在同一处生活，可以每天给孩子打电话，询问他都做了些什么，遇到了哪些事情。也许只是一些很幼稚的小事，但这恰恰是与孩子交心的开始。

当孩子不开心时，父母可以及时安慰孩子，听他倾诉，对他的情绪表示理解，然后告诉他可以怎样解决问题。

2. 与孩子通信

父母们总是不擅长表达爱，虽然视频电话已经很方便了，但有些话仍然无法说出口。那么，不妨试着给孩子写信或者用便签表达。

买漂亮的信纸或者便签，把自己对孩子的思念或者心里话写下来。用文字写下来的优势在于，孩子可以收藏起来，在想念父母的时候拿出来看看；也可以告诉孩子，这是爸爸妈妈和你之间的小秘密。

通信的内容可长可短，形式也可以多种多样，不想写字，也可以画画。内容更是不限，写出自己对孩子的思念也好，写自己工作中的小烦恼、小开心也可以。然后用快递的形式寄给孩子，比如两周寄一次。想象一下，孩子收到装满爱的快递，有多喜悦。

看着爸爸妈妈的笔迹，无论他们在哪里，孩子都能感受到父母的陪伴和爱。

3. 长期的匮乏感，会在孩子心里形成填不满的“黑洞”

场景回放

2022年6月，一件令人愤慨的事登上热搜。

小女孩拿100元现金，在超市里买了一袋7元钱的零食。过了一会儿，小女孩哭着回来了，她求收银员把零食退掉，钱还给她，不然爸爸会打她。收银员在征得店主的同意之后，立即将钱退给了小女孩。

场景分析

和孩子要什么就给什么的父母截然不同的是，有些父母对待自己的孩子小气到了极点。这类父母喜欢向孩子传递家里条件差的信息，孩子想要什么从不会痛快地买给孩子，就算最后付了钱也要不断强调要珍惜，不能浪费钱，挣钱不容易等话语。孩子对父母的态度非常敏感，和父母要东西时他们会觉得羞耻，于是便压抑自己的欲望，不再要求父母给自己买东西。

还有一种父母是拼命给孩子自己想给的，却对孩子想要的视而不见。心理学家李雪在《当我遇见一个人》中就举过例子：“一些身价千万的父母，总给孩子买上千元的童装，因为那是父母想要的。而孩子想要的，只是几元钱的贴纸、摇摇车，但父母却不愿意付钱了，一直和孩子较劲，给孩子制造匮乏感。”

“匮乏感”，即人对某种事物总是感到不满足，总是觉得自己内心很匮乏。长期体会到匮乏感，就算孩子之后实际拥有的东西再多，他在精神层面还是匮乏的，他的内心有着一个永远也填不满的黑洞。

我曾经的一位同事跟我讲过她的故事。她小时候家里条件差，还有一个弟弟。父母重男轻女，家里有什么好吃的，都是弟弟优先。比如，每隔几天，妈妈就给弟弟煮一个鸡蛋，她只有看的份儿。她说，现在虽然经济条件尚可，想要的东西随时可以买到，但就是忍不住囤货，不管是不是需要，只要出门就会买东西。

长期的匮乏感让孩子的内心生出黑洞，长大后会变得难以满足，买再多、再贵的东西都填补不了内心的黑洞。

内心的匮乏也很容易让孩子觉得自己不配拥有更好的，那些美好的事情与感情都跟自己没有关系。甚至，受匮乏感的影响，孩子在享受优渥、快乐的生活时，会感到不安，进而有意无意地回避与美好相关的体验。比如，去超市购物，只去关注那些价格低廉、打折的商品。

当然，这也不是要父母满足孩子的所有欲望，如果没有能力满足，可以直接坦诚拒绝，而不要暗示孩子“我们条件不好，买不了更好的东西”。

一个需求被父母看见和回应的孩子，就不会有匮乏感，不会对某种东西产生执念。

给父母的建议

无论家境如何，孩子都有可能产生匮乏感。父母无须担心，只要用心理解、关爱孩子，满足他的精神需求。那么，孩子心灵就是富足的，一时的匮乏感只会成为他努力的动力。

1. 满足孩子真正的需求

很多父母喜欢舍本逐末，在孩子平常想买什么东西、想吃贵一点的食物时，都会尽力满足。但等到需要父母为孩子的未来规划考虑的时候，父母又会迟疑，担心会耽误孩子学习，学了也学不出名堂。有的父母不支持孩子，有的父母直接禁止，要求孩子专心学习。孩子真正需要的，最想要的，总也得不到，就很容易生出匮乏感。

父母不妨仔细思考，并和孩子聊聊天，问问他真正想要的是什么，真正重视的是什么，然后再想办法满足孩子。

2. 让孩子积极地看待生活

很多内心匮乏的人会表现得比较悲观，总担心自己哪一天需要用到什么东西，需要一大笔钱，所以不舍得丢掉没用的东西，也不舍得多花一分钱。就算是报班学习技能，想一想就会放弃，因为还是实实在在的钱拿在手里更让他们有安全感。所以，父母不妨让孩子积极地看待生活，乐观一些，摆脱匮乏感的负面影响。

父母可以给孩子多读一些冒险故事，讲述主人公逢凶化吉的经历；也可以在孩子面前，多讲讲糟糕事情好的一面，类似“塞翁失马，焉知非福”。

4. 面对诱惑，有意识地训练孩子学会等待

场景回放

在一家餐馆里，妈妈刚点好菜，宁泽就开始喊“饿”，一直追问妈妈菜怎么还没上。妈妈询问服务生，在得知要等 10 多分钟时，宁泽突然站在了凳子上，大喊着让服务生立刻上菜。不管妈妈和服务生怎么劝说，宁泽就是喊：“我好饿，我要饿死了！”一直到上菜了才平静下来。

场景分析

很多孩子都不懂得忍耐克制，既不谦让，也没耐心。他们什么也不缺，可一旦看到自己喜欢的东西时，就急躁得不行。稍微有一点不顺意，孩子就会大发脾气，胡闹撒泼。让孩子学会等待，就是让他自觉做出克制自我欲望的决定，并坚持下去。这不仅可以磨炼孩子的意志力，还有助于锻炼孩子的判断力，提高他对自身情绪、行为的掌控力，在面对复杂的选择时，懂得等待的孩子与不懂得等待的孩子相比，更有信心、更加坚定、更理智。

懂得等待的孩子往往也更加自律，他们不会为了偷玩一会儿手机，而拖拖拉拉写不完作业。孩子知道什么是对他有益的，便不会觉得学习是漫长的、枯燥的、辛苦的，他们的生活往往更有计划性，那些临近考试才努力背书，为了游戏充值，或者透支买心仪物品而沦为“月光族”的诸多不理智的行为几乎不会在他们身上出现。

为了训练孩子的等待能力，美国斯坦福大学教授米歇尔设计的“棉花糖实验”，提到了延迟满足的方法。实验中，十几个孩子面前被摆上棉花糖，并被告知工作人员离开后，他们有三个选择：

（1）选择立即吃掉棉花糖，没有奖励。

（2）选择等待，如果等不及就摇铃呼叫工作人员，没有奖励。

（3）耐心等待工作人员回来，得到奖励。

最后，只有三分之一的孩子等到了最后，得到了奖励。研究人员追踪发现，这部分成功的孩子在长大后，自控力更好，考试成绩更高，事业更加成功。

于是，无数父母把“棉花糖实验”奉为金科玉律，却忽略了米歇尔教授关于这项理论提出的其他意见。

米歇尔教授及其他研究人员在相关报告中指出，“延迟满足”并不是越早开始训练，效果越好。5 岁是训练延迟满足的“分水岭”，4 岁及以下的孩子很难适应延迟满足训练。尤其是 3 岁以下的孩子，每天还只是吃饭、睡觉、玩耍，提不出过分的要求。这个阶段的孩子想吃奶、睡觉、玩耍，父母最好及时满足他，让他感受到父母的关爱，这样才能建立安全感。

等孩子到了 5 岁的时候，就可以根据具体情况进行延迟满足训练。如果孩子的要求是合理的，比如生存必需的进食、排泄、睡眠，可以及时满足。如果孩子提的是一些关乎享受的要求，比如玩某个玩具，或者多吃一份零食，父母就可以对孩子进行延迟满足训练。

父母需要把握好及时满足和延迟满足的次数，不能每次都及时满足，让孩子越来越贪心，也不能总是延迟满足，给孩子造成伤害。

另外，还要明确一点，对孩子的需求可以延迟满足，但一定要及时回应。也就是说，能不能满足他们的需求，我们都要跟孩子及时讲明白原因，这叫“及时回应”。只有这样，孩子才能感到不被漠视，也才能拥有等待的能力。

给父母的建议

所谓“延迟满足”，就是指人们为了未来更加有价值的结果，放弃可以立即满足的诱惑。它不是要让孩子等待更长的时间，也不是想让孩子短暂地压抑自己的欲求，而是让他们学会在困难或诱惑面前，为了更长远的利益，主动选择等待、忍耐。那么，如何正确地训练孩子学会等待呢？

1．告诉孩子需要等待的具体时间

父母在训练孩子学会等待时，需要告诉孩子他需要等多久。这个时间不能是“一会儿”“等我有空了”“看你的表现”这种笼统的概念，而应该是“5 分钟”“等我晾好衣服”这种明确的，可以让孩子清楚明白的时间。同时，父母刚开始训练孩子时，时间不宜过长，几分钟即可。随着孩子长大，父母可以循序渐进地延长等待时间。

另外，约定好的时间一到，父母就要尽量满足孩子的需求，避免产生信任危机。

2．给孩子布置任务

当孩子提出要求时，父母可以通过给孩子布置任务的方式让孩子等待，并把满足孩子的愿望当作完成任务的奖励。父母可以让孩子做一些力所能及的事情，比如，按时完成作业、洗干净碗筷、倒垃圾等。父母可以明确地告诉孩子，只有把这些事情做好，爸爸妈妈才会同意你的要求。

孩子一般不会拒绝父母的提议，即使他在完成任务的途中放弃了，也能比较平静地接受。如果孩子坚持完成了任务，父母就可以答应孩子的要求。

5. 孩子游戏成瘾背后，是未被满足的心理需求

场景回放

因特殊原因，小涛在家中上网课。妈妈看到小涛一天到晚都抱着平板，戴着耳机，便以为孩子是在努力学习。妈妈拿了个苹果想给孩子送过去，没想到走近一看，发现孩子在玩游戏。妈妈检查了一遍平板，发现小涛每天都在用平板玩游戏，就算是上网课的时候，后台也运行着游戏！

场景分析

游戏是一种娱乐方式，孩子偶尔玩玩，不至玩物丧志。但如果孩子已经到了为了玩游戏，不吃饭、不睡觉、不学习，问题就有点严重了。为此，父母恨透了游戏，恨透了游戏开发商，但没什么用，不如认真了解一下孩

子为什么会沉迷于游戏而不能自拔。

20 世纪 70 年代，加拿大的心理学家为研究成瘾性，设计了这样一个试验。试验分为两组，第一组是将老鼠投放进只有两个杯子的笼子中，一个杯子里装的是普通的水，另一个杯子则装着加入易上瘾物质的水。

一段时间过去，研究人员发现，参与试验的老鼠们都非常喜欢去喝加入易上瘾物质的水，哪怕感到不适，最终死去，也没有停止。

第二组同样是将老鼠投放进装有一杯普通水、一杯加入易上瘾物质的水的笼子中。不同的是，在这个笼子中，还有许多美食、玩具、迷宫、隧道。结果参与试验的老鼠们，没有一只喜欢喝容易上瘾的水，即便之前不慎喝了，之后也不会再去喝。

父母总将孩子游戏成瘾的原因归咎于，游戏的上瘾性太强，诱导了孩子。但这个试验向我们证明，孩子上瘾也许只是因为，现实生活中能让他感到快乐的东西太少。

“马斯洛需求层次论”将人类的需求由低到高分为五个层次，分别是生理、安全、社交、尊重和自我实现。这五种需求由易到难，越靠后就越难以满足。而对于游戏成瘾的孩子来说，打游戏就可以满足他们的社交、尊重和自我实现的需求。在游戏中，他们有互相托付的队友，有闯关打怪的刺激，有排位上升的激动，在“帮会”中一呼百应的骄傲……

很多孩子或是缺少父母的陪伴，或是不善交际，或是在现实生活中受挫，或是没有兴趣爱好，庸庸碌碌，日子过得乏善可陈，这些孩子只能从游戏中获得成就感、满足感、价值感。说到底，游戏只是孩子满足自身需求的替代品，如果孩子在现实生活中，不缺父母、朋友的陪伴，常常被父母师长肯定、表扬，有许多兴趣爱好，能够自得其乐，那他就没有去找替代品的需要了。

给父母的建议

一旦游戏上瘾，孩子就会习惯这种思维模式，使得认知能力退化、思维迟缓，记忆力、观察力、专注力都不断下降。也就是说，孩子在回归现实世界后，往往会变得敷衍潦草，缺乏耐心，难以持续做好一件事情。不过，父母也无须过于担心，只要多给孩子陪伴，带他体验现实生活中的美好，游戏对孩子来说，就只会是众多娱乐中的一种，而不是满足心理需求的必需品。

1．适当少接触游戏

年纪很小的孩子一般不建议过多地接触电子游戏。因为电子游戏是人们编造出来的虚拟世界，年幼的孩子，很难分清虚拟世界与现实生活的不同，很容易沉浸在虚拟世界，信以为真。所以，如果孩子的年龄较小，父母可以带领孩子多体验现实生活。

而对于年纪大一点的孩子来说，父母就需要让他学会控制自己，适度接触电子游戏。比如，如果孩子想要玩游戏，父母可以先跟孩子约定好，玩多长时间。到了约定的时间，就提醒孩子立刻关掉游戏。

父母需要循序渐进，如果孩子的网瘾比较大，父母可以和孩子商量玩游戏时间，之后逐渐减少，而不是一开始就卡死时间，强硬执行。

父母也可以设定游戏软件的使用时长，或者直接收走手机。父母和孩子提前约定好，和孩子讲清楚道理，孩子就不容易耍赖、闹脾气。

2. 开拓孩子的兴趣爱好

当孩子减少接触电子游戏后，会感到十分无聊，更加想要玩游戏，这时父母就可以趁机开拓孩子的兴趣爱好，降低电子游戏对他的吸引力。

父母可以选择一些有趣的、孩子感兴趣的事情，比如做游戏、爬山、看儿童话剧、学乐器、看绘本、做手工等。带孩子做这些可以让孩子摆脱“游戏状态”，感受更真实的情绪和快乐，这样，孩子就会愿意把时间和精力放在美好的现实生活中。

父母可以鼓励孩子参与户外活动、社交活动以及社会实践，和他进行平等的对话，让他按照自己的意愿做出选择，并参与活动，获得成就感和满足感。

6. 适度物质满足，欲望宜疏不宜堵

场景回放

妈妈无意间发现小风玩电子游戏，由于害怕小风对游戏痴迷，便禁止小风碰手机、计算机。但小风和妈妈斗智斗勇，总是趁着父母不注意的时候，逮到机会便偷偷玩电子游戏。

妈妈担心继续这样下去，小风就没有心思学习了，便对小风说：“只要你每天按时完成作业，就允许你玩20分钟游戏。”有了明确的玩游戏时间，小风再也不心神不定地想玩了，学习也更加专心了。

场景回放

场景分析

有些父母觉得孩子应该干净、乖巧，便把孩子从沙堆旁拉走；有些父母觉得孩子需要健康饮食，便禁止孩子吃零食；有些父母觉得孩子要懂得节约，便无视孩子渴望的眼神，一个便宜的娃娃也不肯买……每个孩子都有自己的欲望和需求，这本身是一件很正常的事情。但很多父母却热衷于对孩子的欲望做出负面评价，然后讲一堆的大道理，告诉孩子“你不应该提这种要求。”

没有人会比孩子自己更清楚，他渴望的情绪有多么强烈。他不会因为父母的三言两语，就压抑自己的欲望。年龄较小的孩子会哭闹不休，这不是任性，而是他的需求没有得到满足，他在宣泄自己的不满，在和父母抗争。

父母的压抑和限制会刺激孩子将欲望不断放大，于是，当孩子看到精美的物品时，即使根本不知道这有什么用，也会告诉父母："我想要。"如果他得到的回答是"不可以。"孩子就有可能死死抱住这件物品不撒手。孩子这种"想要"的心情会越来越偏执，而这势必会让他体会到痛苦与挣扎。

安安和小伙伴玩游戏，安安赢了，获得了一个小玩偶作为奖励。小伙伴见此忍不住哭了起来，于是，安安把小玩偶送给了小伙伴。妈妈问安安："你为什么要把奖励给别人？"安安："送给他，他就能开心了。"妈妈："可是这样，你就没有奖励了。"安安："我想要玩偶，爸爸妈妈会买给我。"

物质欲望得到满足的孩子，就不会轻易被诱惑动摇。他们可以安心地体验、享受生活本身，愿意与他人分享，而不是被眼前的诱惑影响，不能接受"得不到"和"失去"。

父母不可能满足孩子所有的请求，但只要孩子的请求合理，父母不妨适度地满足他。尊重孩子的物质欲望，有节制也有满足，孩子会感受到自己被父母的爱包围着，他的内心会充盈起来，且不会再对满足欲望过分执着。久而久之，节制还是满足欲望，孩子都能做出理性的选择。

给父母的建议

堵不如疏，父母不妨适度满足孩子的欲望。那么，父母要如何把握适度的界限呢？

1. 区分“需要”和“想要”

需要的是必需品，父母要保证满足孩子。而想要则是欲望，需要根据实际情况来决定是否满足。

比如，一双舒适、平价的鞋子是孩子需要的，而走路会发出五彩闪光和声音的鞋子，就是孩子想要的。父母可以根据家庭经济情况来作决定，也可以和孩子一起商量，制定出一个符合实际情况的规则。比如，“可以给你买这双鞋子，不过你要好好爱护它，每天都要把它擦干净。”

父母也可以跟孩子提条件，比如“如果你这周每天都按时早起，爸爸妈妈就买给你。”父母要让孩子明白想要的东西，不是一定可以得到的，也不是理所应当必须要买给他的。

另外，如果父母决定要满足孩子的需求，还需要确认自己并非在向孩子做出妥协。

2. 先答应孩子的请求

当孩子提出的请求让父母感到为难时，父母可以先答应孩子的请求，让孩子获得心理上的满足感。比如，当孩子说：“我想要喝酸奶。”父母却想起来家里的酸奶喝完了，父母就可以说：“可以，我找找，家里好像没有酸奶了。”然后，父母可以和孩子商量解决措施，比如“等爸爸妈妈今天下班后去买”“给你 10 元钱，你自己可以在学校附近买”等。

只要不是涉及原则的事情，父母都可以先答应孩子，表达对孩子欲望的理解和尊重，然后再结合实际情况，给出一个双方都能接受的解决方案，巧妙地化解潜在矛盾。

7. 情感满足，是孩子自控力的最根本保障

场景回放

可萱在高二时开始和一个男生交往，她把这件事告诉了她的妈妈。她的妈妈想了想对可萱说："妈妈理解你这个年纪的孩子想要体验爱情，但妈妈还是希望能够和你约法三章，避免你受到伤害。第一，谈恋爱不可以影响学习；第二，要学会保护自己，不要尝试超过界限的性行为；第三，如果有困惑，或者遇到了问题，都可以来找妈妈倾诉，妈妈愿意和你分担所有的烦恼。"

可萱一直遵守着和妈妈的约定，没有叛逆，成绩也没有受到影响。

场景分析

很多父母都觉得严格一些，才能管束孩子控制好自己的言行。但其实孩子懂得的道理并不比父母少，他们需要的只是父母的尊重、肯定与赞赏。当在情感层面得到满足时，孩子就会把花在与父母对抗上的精力，投注到自我控制上。

情感满足，是孩子自控力的最根本保障。因为自我控制需要耗费孩子大量的心力，只有情感得到满足的孩子，才能获得更多的能量来控制好自己对欲望的渴求。如果父母只知道从行为上训练孩子自控，却用不近人情的态度割断亲子间的情感联结，只会让孩子越来越失控。

末代皇帝爱新觉罗·溥仪在《我的前半生》中写道："在人们的多方逢迎和百般依顺的情形下，养成了我以虐待别人来取乐的恶习，师傅们劝谏过我，但是不管他们用了多少历史上英主圣君的故事来教育我，却并没有多大效力。唯一能阻止我恶作剧行为的是我的乳母王焦氏，她一个字不识，不会讲什么'仁恕之道'和历史上英主圣君的故事，但当她劝我的时候，我却觉得她的话是不好违拗的。"

心理学家克莱尔·科尔普指出，"孩子的控制来自哪里，来自他想成为社会群体当中一部分的渴求，来自他想要得到爱与积极情感的渴求。孩子不会因为规则是好的，就控制自己遵守规则。孩子不喜欢那样，他们想要的是爱与积极的情感。"

不管父母给孩子的批评、建议有多么中肯，给孩子量身定做的条条框框有多么科学，都不如给孩子一个拥抱和赞许的眼神有效果。父母多倾听、理解孩子，认同孩子的感受，孩子才会觉得被接纳。当情感需求被满足，安全感建立后，孩子自然会愿意倾听、理解并接受父母的教导，并调整自己的行为。如果父母在孩子做出改变后，回馈给孩子更多的积极情感，孩子的自控行为就会得到强化。

给父母的建议

那么，父母要如何做，才能满足孩子的情感需求呢？

1. 了解孩子的情感需求

当孩子做不到自我控制的时候，父母不妨先仔细观察，或者耐心倾听孩子的心声，理解并接纳孩子。父母可以尝试说出并认同孩子的感受。比如，“这个真好玩，爸爸妈妈看到了也想多玩一会儿。”这是打破孩子心理防线，使他信任父母的第一步。

父母可以适当地表达自己的感受。比如，“可是再玩一会儿，饭凉了，就不好吃了。”或者“可是宝宝的肚子已经瘪下去了，我们可以先去吃饭，吃饱了再回来玩。”

如果孩子的需求不合理或者根本无法实现，父母也可以尝试转移孩子的注意力。很多时候，孩子需要的并不是让所有事情都如他所愿，而是父母看得到他们的需求，理解他们的感受。

2. 以抱持性态度对待孩子

父母想要让孩子获得情感满足，就要让孩子坚定不移地相信“父母是爱我的”。这既需要父母用口头语言表达，也需要用实际行动，让他们真切地感受到父母的情感。因此，父母可以采取“抱持性”态度来对待孩子。

抱持性态度，就是接纳孩子所有的好与坏，不在情感层面回避、惩罚孩子。父母需要理解孩子的处境和感受，并在此基础之上给予孩子情感支持，帮助孩子解决眼前的困境。

比如，当孩子因为犯错而忐忑不安时，父母可以稍微用力地把孩子抱进怀里，对他说：“你这样做确实不对。不过不用担心，爸爸妈妈会一直陪着你，直到你把问题解决。”然后父母可以给孩子提供一些帮助，和他一起共渡难关。父母可以肯定并夸奖孩子好的表现，对孩子进行正面行为的强化。

3. 陪孩子做可以锻炼自控力的事情

父母可以空出一段时间，放下手机，关掉电视，陪孩子做一些可以锻炼自控力的事情。比如，我每天会在固定的一个时间段放下手机、关掉手机和孩子们一起玩小游戏、做手工、开展亲子阅读，或者给孩子们讲解不会的作业。父母可以揽住孩子的肩膀，让孩子靠在自己身边专注地做事情，这既可以满足孩子的情感需求，也能锻炼自控力。

8. 用事实说话，让孩子权衡利弊做决定

场景回放

超市门口，妍玫正在号啕大哭。

妈妈："别哭了。"

妍玫："我要玩摇摇车。"

妈妈："你都玩好几次了，我们该回家了。"

妍玫充耳不闻，依旧抱着妈妈的腿不撒手。

妈妈的耐心耗尽，一边生气地说："你自己在这儿玩吧，我走了。"一边无视孩子越来越大的哭声，假装要离开。

场景分析

练习弹琴枯燥又疲惫，孩子就会想放弃；和小伙伴在商场里跑跳打闹，是多么快活，孩子就会无所顾忌地玩闹；糖果真好吃，孩子便一颗接着一颗地吃；手机真好玩，于是孩子就一直盯着手机……面对各种各样的欲求，年幼的孩子总是缺乏理智，不懂得自我克制。很多父母面对这种情况时，都会试图和孩子讲道理。比如“不能放弃，坚持下去你才会有收获”“公共场合不能大声喧哗”“少吃糖对身体好”“长时间看手机会近视”……

父母用成年人的视角向孩子解释，然后强迫孩子服从这些道理。卢梭在《爱弥儿》一书中指出：跟孩子讲道理是一种无用的教育方式。父母说的道理再正确，孩子也听不进去。父母向孩子传授经验，想要孩子变得更加优秀，避免孩子遭受不必要的伤害和挫折。但是，在需求得不到满足，变得情绪化的孩子看来，这些只是威胁和说教，刺激他们产生叛逆情绪。

其实，孩子认知中的世界和父母眼中的世界是天差地别的。有一次，我带着老三去购物。事后，孩子画了一幅记录“和妈妈一起购物”的画。但是，妈妈看到这幅画却惊讶不已，因为孩子的画中没有高楼、街道，有的只是一个又一个“立着的长方形”。想了一会儿，我才意识到她画的可能是人的腿。

因为她个子矮小，能看到的只有人们的腿，其他的事物全都看不清。

父母总觉得说出真理后，孩子必然会心悦诚服。但其实，孩子可能并不理解，或者即使理解，也不以为然。因为，孩子习惯以自己的感受作为判断依据，而父母语言上的表达并不能给他带来直观的体验。

哥哥等等和妹妹小花不爱刷牙，妈妈就给他们放了一部名为《高糖陷阱》纪录片，影片真实记录了一个 6 岁小孩拔掉 6 颗坏牙齿的过程。通过 X 光片，可以清楚地看到门牙被蛀空是什么样子。等等和小花看完纪录片，刷牙一个比一个标准。

父母与其费尽口舌，不如直接用现实说话，让孩子直接看到事实，孩子就会深切地明白放纵欲望的后果。如此，孩子才会愿意权衡利弊，提高他们做出正确选择的可能性。

给父母的建议

那么，想要用事实说话，引导孩子权衡利弊做决定，父母具体可以怎么做呢？

1. 让孩子得知放纵的后果

父母可以让孩子适当地体验放纵的后果，让他从中获得感悟，进而做出正确的选择。这样，孩子才会发自内心地做出改变，并维持很长一段时间。比如，孩子不想学习，父母可以带孩子去“打工”一天，带孩子体验一下艰苦的生活。另外，父母在使用这个方法时，需要注意不要损害孩子的安全和健康。

如果孩子有影响健康的生活习惯，父母想让孩子得知放纵的后果，可以选择相关的纪录片、动画片、绘本等给孩子看。孩子看这些时很容易代入其中，产生深刻且直观的体验。

2. 表达对孩子决定的尊重

如果父母不赞同孩子做出的决定，只要这个决定不损害孩子的健康、安全，父母不妨尊重孩子的选择。父母无须站在孩子的立场上为他分析利弊，因为双方在获取信息方面存在的差距，很容易让孩子误以为父母是在欺骗、强迫自己。

因此，无论孩子的决定是好是坏，父母都只需要表达尊重，并在孩子承受后果时，陪在孩子身边，适当提供一些支持。

笔记栏

第五章

培养专注，让孩子“坐得住”

1. 不随意打扰，保护孩子的专注力

场景回放

林晗一个人在客厅搭积木。

场景分析

有些父母喜欢在孩子做事情时，紧盯着孩子，孩子做得有一丁点儿不对就打断孩子。父母觉得自己是在关心、指导孩子，其实打扰了孩子的专注状态。

专注力，就是将视觉、听觉、触觉等长时间集中在同一事物上的能力。如果孩子的专注力被破坏，那么对外界的体验就只会浮于表面，难以培养出创造力，也做不到深度思考。比如，面对自己不擅长的难题时，专注力差的孩子很难深入钻研，往往尝试一两次后就直接放弃。专注力差还会降低孩子的学习效率，使孩子的成绩逐渐与专注的同学拉开距离。

年幼的孩子很容易沉浸在自己的世界里，玩耍、发呆、阅读、写作业……他们常常在做某些事情时，专心致志地观察、思考、探索。在这个过程中，孩子会不断建立并加深对事物的认识。如果常常在中途被打断，孩子的认知和思维的发展就会受到阻碍。

同时，如果父母频繁打断孩子，也会让孩子感到不被尊重，进而产生烦躁、挫败、抵触等负面情绪，这不仅不利于孩子的性格塑造，还很容易与父母产生矛盾。

著名的教育学家蒙台梭利认为：“父母除非受到邀请，否则不要轻易去打扰孩子。父母要为孩子打造一个以他们自己为中心的世界，让孩子能够心无旁骛地做自己。”

父母需要更加珍惜，并保护孩子主动专注的状态，给他一个安静而自由的环境，不评价，不阻止，不打断，不指点。

给父母的建议

作家西塞罗曾说：“不管是多么脆弱的人，只要把全部的精力倾注在唯一的目标上，必能有所成就。”所以，当孩子正在专心做某件事时，父母不要轻易打扰。久而久之，孩子的专注力自然就会得到提升。

1. 为孩子设置专注空间

父母可以为孩子设置几个专注空间，让孩子专门学习、玩耍、阅读……这可以是房间的某个角落，也可以是书桌、地毯。孩子要做什么，父母就把孩子送到特定的位置，然后不再出现在那个位置。

父母可以提前把孩子需要的东西准备好，比如学习用的文具，装满水的水杯等。如果父母担心孩子的安全，父母可以时不时地去看一看孩子，尽量轻手轻脚，别一直盯着孩子看，让孩子察觉到父母来了。

2. 为孩子创造专注的机会

父母可以适当地远离孩子，让孩子自己处理一些小麻烦，或者拜托孩子做某事。比如，拿不到某件东西，拧不开瓶盖等。当孩子遇到困难时，父母如果觉得孩子有能力解决，或者有可能解决，那么，也可以让孩子尝试解决。父母可以在孩子受挫，难以专注思考时，询问他是否需要帮助，引导他解决问题。

父母无须直接告诉孩子应该怎么做，只要给他一点点拨即可。如果孩子没有懂，父母可以为孩子示范具体的某一个步骤该怎么做。孩子一遍没有学会的话，父母可以多示范几次，让孩子集中注意力学习，直到学会为止。这同样是培养孩子专注力的好方法。

2. 番茄钟法，帮孩子找回专注力

场景回放

爸爸偷偷观察小玟写作业，小玟先是把课本练习册一本一本地从书包拿出来，然后翻翻看看，选出一本来写。写了不到两分钟，小玟就开始玩铅笔盒。玩了一会儿，小玟又开始在纸上画画……过了20分钟，小玟竟然只在作业本上写了几个字。

场景分析

“番茄钟法”是1992年时，弗朗西斯科·西里洛发明的一种利用番茄钟计时器，来帮助人们高效处理工作的时间管理法。它的使用方法是：使用者选择好需要完成的任务，将计时器设置为25分钟，期间不能做其他事情，25分钟后，番茄钟响起，使用者可以休息5分钟，如此反复进行。

“番茄钟法”更注重把控任务的进程，可以帮助孩子规划每一段的时间，让孩子更好地专注于学习。很多父母或许以为这只是简单地把任务拆分成许多个任务，没有什么值得称道的。

其实，相比于教孩子做好规划，“番茄钟法”会让孩子变得更为专注。孩子写作业不专注的主要原因就是孩子把写作业、学习当成了阻碍自己玩乐的“假想敌”，于是由内而外地抗拒写作业。

而在使用“番茄时钟法”后，写作业就成了孩子玩耍的先决条件，而孩子面临的问题则变成了如何与时间赛跑，在一小段时间内完成一个任务。孩子对待写作业的态度就会更加积极，写作业时也会更加专注。

很多孩子都缺乏目标意识，当任务太难太复杂，或者需要花费的时间过长，孩子就会觉得这是一个不可能完成的任务，没有了继续做下去的动力，开始消极怠工，或者选择直接不干。这时，父母就可以让孩子使用“番茄钟法”，这样孩子就不会去烦恼自己最后能不能完成任务，而是把重点放在完成了多少个番茄钟上。

大部分人集中注意力的时间在 25 ~ 30 分钟之间，一般情况下，“番茄钟法”设置的时间是 25 分钟，可以让孩子的专注力达到最佳状态。25 分钟之后，孩子可以得到 5 分钟的休息时间，这样劳逸结合，孩子就不会因为学习太久感到疲惫。

科学研究表明，每个孩子的专注时间是有一定差别的。儿童集中注意力于“费劲”的事情时，如做题、背诵等事，能够坚持的时间大致如下：5 ~ 6 岁时为 10 ~ 15 分钟；7 ~ 10 岁时为 15 ~ 20 分钟；10 ~ 12 岁时为 25 ~ 30 分钟；12 岁以上的孩子集中注意力的时间则可以超过 30 分钟。

父母为孩子设置“番茄钟”的时间无须严格遵循“学习 25 分钟，休息 5 分钟”的模式，观察孩子能否适应，根据情况做调整。

给父母的建议

“番茄钟工作法”不是写一会儿作业，休息一会儿这么简单。父母在引导孩子尝试“番茄钟法”时，具体应该注意什么呢？

1．做好准备工作

在计时之前，父母可以帮孩子做好准备工作，或者让孩子自己做好准备工作。父母可以拿走或关闭所有可能让孩子分心的物品，比如，手机、游戏机、玩具、课外书、电视等。父母可以先让孩子静一静心，然后再开始做任务。

2．循序渐进地提高

如果孩子能够保持专注的时间很短，父母可以循序渐进，慢慢延长时间，从 10 分钟到 15 分钟、20 分钟……父母还可以开始让孩子尝试 1 个番茄钟，然后变为 2 个、3 个……父母可以帮助孩子做好时间记录，鼓励孩子坚持下去。

3．没有兴趣，就没有专注力

场景回放

妈妈：“今天的绘画课感觉怎么样？”

小律：“还行吧。”

妈妈：“别人一幅画都画完了，你怎么才画了半幅？我看你一会儿看看这儿，一会儿看看那儿，怎么那么不专心？”

小律烦躁地说：“我不想学画画。”

场景分析

很多父母会安排孩子去各种兴趣班学习，让孩子去学习父母认为有用的知识。但父母这种一厢情愿的行为，只会让孩子觉得不被尊重和理解，从而产生逆反心理，和父母对着干，故意不好好学习。孩子原本就觉得学习内容无聊，还要被父母逼着去学习，很可能感到苦闷、烦躁。在这种情况下，孩子的注意力就很容易发散。如果孩子长期无法在课堂上集中注意力，就会养成以后做什么事情都难以集中注意力的毛病。

认真、专注地做好一件事情，需要孩子付出大把的时间与精力，如果没有兴趣作为动力和支持，缺乏自控力的孩子是很难做到的。

有研究发现，孩子对于自己感兴趣的事情，可以集中注意力的时长就会长一些。因此，父母不妨趁早让孩子做他感兴趣的事情。

给父母的建议

每个孩子感兴趣的事物都各不相同，父母可以去发现、挖掘、培养孩子的兴趣，为他创造能够沉浸其中的条件，提高专注力。

1. 发现孩子的兴趣

如果孩子不知道自己的兴趣，父母可以仔细观察孩子的日常行为，就能发现他的喜好。比如，孩子平时喜欢哼歌，那就说明孩子大概率对音乐感兴趣。如果孩子喜欢到处涂涂画画，就说明他大概率喜欢绘画或者书法。如果孩子听到要去上舞蹈课，就愁眉苦脸、拖拖拉拉不想去，那就说明他不喜欢跳舞。

父母发现孩子有感兴趣的事情，可以鼓励、支持孩子。如果孩子坚持了一段时间，仍然不感兴趣的事情，父母就可以让孩子放弃。父母可以和孩子商量好，选择感兴趣的课程去学习。

2. 给孩子专业培养

如果孩子有文艺类、体育类的兴趣爱好，父母可以给孩子报专业的培训班，或者请专业老师辅导。即使再感兴趣、再有天赋，独自摸索也是十分困难的，这样很容易打击到孩子的自信心，导致孩子轻易放弃。父母给孩子专业的培养，能够让他快速而系统地了解相关知识。

父母可以提前和孩子说明白，一旦报了名就必须要把课程学完，不能中途放弃。这样可以避免孩子因一时兴起，或盲目跟风而“三分钟热度”。

3. 给孩子一些支持

孩子在刚开始接触兴趣爱好，或者学到一定程度时，如果感到有难度或者过于枯燥，就会难以坚持下去。这个时候，就需要父母给孩子一些支持。父母可以提前给孩子打预防针，告诉他下一阶段可能会遇到哪些困难，让孩子做好心理准备。

父母也可以给孩子一些鼓励，给孩子讲一些相关领域杰出人物的故事，或者名人、身边的人克服困难的故事，以此鼓励孩子坚持下去。父母还可以帮孩子一起想办法，给孩子提一些建议，向孩子表达对他的支持。

4. 一心二用，正在毁掉孩子的专注力

场景回放

小米的妈妈听说训练一心二用有助于大脑开发，便立刻开始训练小米。妈妈让小米一边练习围棋，一边听古诗文朗诵。但没想到，一周过去了，小米原本擅长的围棋，越练越差，古诗词也没有背下来。

场景分析

为了提高孩子效率，有的父母会有意训练孩子一心二用，甚至一心多用。的确，孩子可以一边做动作一边唱儿歌，一边洗漱一边听英语。孩子看起来把注意力集中在 2 ~ 3 件事上没有问题，但这也仅限于其中一件事是非常简单且熟悉，不用花费什么心思。

实际上，大部分一心二用或者一心多用并不是平均分配注意力。俄罗斯某报纸曾刊登过一篇研究报告，研究人员观察人们的大脑活动，发现当人们把两件事情混在一起做的时候，大脑额叶前部皮层立刻开始工作，但它仍然是按顺序先后来处理，并不能真正同时工作。之所以看起来像同时处理两件事，而是两件事情切换的速度太快，令人们产生了错觉。

这种切换，人们可以通过练习来训练，但这其实是得不偿失的。美国麻省理工学院的神经学家厄尔·米勒认为，相比于一件一件地处理事情，同时做两件事情或多件事情，人们需要耗费更多的脑力。当被研究人员同

时做很多不同的事情时，厄尔·米勒对他们进行脑部扫描，发现大脑仅对一两件事情有反应。

也就是说，人们只能集中精力做一两件事情。如果要做的两件事情都比较复杂，大脑是无法兼顾的。如果一定要同时做，那么这两件事情就会抢夺大脑的资源。大脑需要进行复杂的整合操作，而大量的信息会削弱大脑各个部位的功能表现。

与其让孩子一心二用，不如教孩子专注于一件事。孩子能够保持注意力高度集中的时间本来就有限，如果父母要求孩子在有限的时间内一心二用或者一心多用，孩子就需要接收和处理更多的信息。庞杂的信息有可能会让孩子忽略掉一些真正重要的信息，从而影响孩子做事的质量和降低做事的效率。

给父母的建议

能否保证注意力的高度集中，还要看大脑各个区域接收、处理和反馈信息的能力。因此，想要提高专注力，就要提高大脑处理工作的效率和质量。父母可以让孩子尝试做以下活动，锻炼孩子的专注力。

1．适当增加难度

父母可以适当增加任务难度，让孩子更加专注。孩子会因为任务太过简单而失去兴趣，也会因为任务太难而变得焦躁。因此，父母不妨结合孩子的实际情况，适当地增加任务难度，使他充满兴趣的同时，充分开动脑筋，进入高度专注状态。在这种情况下，孩子也没有精力去关注其他的事情了。

父母需要根据孩子的实际情况，及时地调整任务难度，保证难度维持在孩子努力就可以达到的程度。

2. 集中注意力于当前任务

为了提高专注力，除了让孩子集中注意力在眼前的任务上，还要规定任务完成的具体时间。一旦时间到了，哪怕任务还没有完成，也要马上停止休息，之后再看是否能找时间完成。这样，孩子慢慢就会把注意力集中在如何在有限的时间内完成相应的任务上。

5. 劳逸结合，孩子的专注度更高

场景回放

离小升初考试还有半年的时间，谷南就像一个上紧了发条的机器，每天都在争分夺秒地学习。

谷南常常感到很疲惫，但每当他想要休息一下的时候，妈妈就会给他加油打气，督促他坚持下去。谷南只好继续坐在书桌前，他机械地翻看着课本，却怎么也无法做到专注。

场景分析

有些父母很喜欢问孩子：“今天上课的内容都学会了吗？”却很少有父母会问：“有没有好好休息？”劳逸结合，孩子只有休息好了，才能有精力和心情去努力学习。

心理学中有一个著名的“马斯洛需求层次理论”，由美国著名心理学家亚伯拉罕·马斯洛提出他将人类的需要由低到高分为生理需求、安全需求、社交需求、尊重需求和自我实现需求五类。马斯洛认为，人类的需求越低级就越基础，只有当人们满足了低级需求后，才会想去实现高级的需求，这就是需求层次。

充足的休息、放松是生理需求，孩子只有满足了最基本的生理需求后，才会追求更高的自我实现价值。父母如果要求孩子没有任何休息放松的时间，心无旁骛、坚持不懈地学习，孩子就会陷入疲惫、匮乏的状态。孩子的注意力会越来越涣散，学习效率也会越来越低。

每个孩子保持专注状态的时间都是有限的，如果孩子经常长时间集中注意力学习，孩子的大脑活动就会变得迟缓，思维受到限制，难以继续深度思考问题。并且，出于补偿心理，孩子越是不能休息放松，就会越想痛快地睡一觉、玩一场。此时，就算孩子老老实实地坐在书桌前，眼睛盯着课本一动不动，他的心也早就不知道飞到了哪里。

父母不妨让孩子劳逸结合，让他在该放松的时候，就好好休息。只有当大脑得到充分的休息后，孩子在学习上才能迅速调整好状态，注意力高度集中，学习也变得更有效率。

给父母的建议

科学研究证明，劳逸结合有助于提高孩子的专注力、记忆力和思维能力。那么，父母怎样做才能让孩子劳逸结合呢?

1. 合理分配时间

父母可以引导孩子合理分配时间，结合实际情况，让他学习一段时间后，休息放松一段时间。父母可以观察孩子学习时的状态，判断他保持专注的时间有多长。然后，父母可以引导孩子制订合理的时间计划表，让孩子学习20 ~ 40分钟，然后玩5 ~ 10分钟。父母可以引导孩子拆分学习内容，争取让孩子在一段学习时间内，只专心学习这一项内容。

2. 教孩子如何放松

如果孩子在学习过程中感到头晕、眼花、肌肉酸痛，就说明他的身体已经超负荷了。父母需要告诉孩子，当身体有了这些反应后，必须立刻停止学习，并告知父母。父母可以让孩子闭上眼睛休息一会儿，或者放一段纯音乐，让孩子安静地欣赏。父母也可以陪孩子聊聊天，带孩子去户外散步，玩耍一会儿，或者让孩子小睡一会儿，以此来调整身体状态。

父母还可以通过积极的心理暗示，帮助孩子进行心理放松。当孩子在学习时感到焦虑、烦躁，父母可以让孩子放下课本，肯定他的努力，表扬他的进步。这样做，可以有效减轻孩子的心理压力。之后，父母就可以让孩子尝试上述的放松活动了。

另外，父母还需要保证孩子有充足的睡眠时间，这是最重要的放松方式。只有孩子早睡早起，睡眠充足，大脑才能得到充分的休息，才能支持孩子第二天的高强度用脑。

3. 培养孩子的兴趣爱好

爱因斯坦在工作疲劳时，就会拿起小提琴，拉自己喜欢的曲子，让大脑放松。父母可以找一些有助于孩子放松的兴趣爱好，鼓励孩子接触、学习。这既可以提高孩子的综合素质，也可以让孩子轻易地做到自我调节。

6. 帮孩子排除干扰，静心学习

场景回放

小云正在写作业，突然，他闻到了红烧肉的香味。

场景分析

有趣的故事书、好吃的零食、可爱的水杯、新买的台灯，甚至一块平平无奇的橡皮……都可以吸引孩子的注意力，让他玩得不亦乐乎。除此之外，很多父母本身就是干扰孩子学习的源头。孩子在专心学习，有些父母就在旁边玩起了手机，还有些父母每隔几分钟就走到孩子身边看一看，甚至还有些父母在隔壁房间看电视、大声说话等。在这样的环境中，孩子不断地受到干扰，几乎不可能做到静心学习。

孩子从呱呱坠地起，获取信息的主要方式是用耳朵听，孩子听多了父母说话，然后才学会张口说话，这其实就是在不断地发展听觉能力。到了6岁左右，孩子会更多地进行如阅读、写字等锻炼视觉能力的活动。大脑很神奇，当人们的语言能力过强时，视觉能力就会受到压制。所以，对处于小学低年级阶段的孩子来说，父母说话做家务的声音，房子外面的鸣笛、鸟叫等，都会干扰到他们的学习。

到了小学高年级阶段，如果孩子的视觉能力得到发展，比如喜欢阅读，阅读能力强的孩子就不容易受到外界的声音干扰。这是因为孩子的视觉能力高于听觉能力，当视觉信息与听觉信息同时出现时，大脑更优先处理视觉信息。但如果视觉能力没有得到很好的发展，孩子不仅会受到声音的干扰，还会受到画面的干扰，他们往往会表现出“眼睛不知道看哪里”等问题。

除了外在的干扰外，孩子还要面对内心的干扰。畅销书《上瘾》的作者尼尔·埃亚尔提出一个观点，“大多数人认为的干扰，就是那些打扰工作的事物。比如手机弹出的新消息提示、突然响起的铃声等。其实，相较于这些外部干扰，更多的干扰则来源于人们本身。大脑在不超过30秒的时间里，就可以产生各种各样的念头。比如，等会儿要看一看视频，或者有没有忘记回复消息等。”

孩子本来就很容易分心，而玩具、文具、零食这些东西是让孩子的注意力被分散更快的因素，从而使孩子更难重新进入专注学习的状态中。因此，父母需要培养孩子的自控力，使他能够抵御外在以及内在的干扰，保持良好的专注状态。

给父母的建议

那么，父母要怎样做，才能在排除外界干扰的同时，也引导孩子抵御内在干扰呢?

1. 认识干扰因素

想要排除干扰，父母首先需要让孩子认识到干扰因素有哪些，外部干扰和内部干扰之间有什么联系。比如，孩子肚子饿了想要吃好吃的食物，作业很难想要先玩一会儿放松一下，对新鲜有趣的事物很好奇等。当孩子因为一些说不出来的原因而心浮气躁的时候，父母可以通过提问的方式引导孩子，是什么干扰了他，进而从根源上解决问题。

2. 排除干扰源

排除干扰源，将孩子与可能吸引孩子注意力的事物隔绝开来，也是让孩子迅速静下心学习的好方法。

在孩子学习前，父母可以督促孩子准备好可能用到的学习资料和文具，并放在可以直接伸手拿到的位置，这样就不必中断学习，频繁地翻找物品，避免分散注意力。同时，父母可以让孩子关闭所有电子产品，或者将电子产品拿走。父母还可以让孩子在专门的书房中学习，书房布置得简洁一些，有书桌、椅子等基础设施就足够了。

另外，在孩子学习时，父母最好不要随意和孩子搭话，或者给孩子送水、送食物。只要孩子没有转头去做其他事情，父母无须打断孩子。如果孩子感到疲惫，走神儿了，父母可以先让孩子自己调整。

3．营造不受干扰的氛围

父母可以尝试营造一种不受干扰的氛围，让孩子在父母的影响下，自觉排除干扰。比如，父母可以在孩子身边，拿出一本书认真阅读、做笔记，让孩子感受到父母专注的状态。当孩子被其他事物吸引注意力而不再学习时，父母就可以说："你一直做小动作 / 发出声音，影响我看书了。"久而久之，孩子就会在父母的影响下，自觉集中注意力，专心学习了。

7．增加专注力的运动，一定要坚持

场景回放

迈克尔·菲尔普斯的母亲黛比回忆道："从他上幼儿园起，老师就经常对我说，迈克尔不能安静地坐在位置上，他无法集中注意力，不可能做好任何事情。"

之后，迈克尔被诊断出患有注意力缺陷多动症。父母为了缓解病情，送他去学习游泳。数年之后，迈克尔·菲尔普斯不仅病情得到了缓解，还成为奥运史上获得金牌最多的游泳运动员。

场景分析

很多父母为了让孩子专注一些，恨不得时时刻刻紧盯着孩子，耳提面命，但结果大多是孩子依旧三心二意。父母与其每天和孩子斗智斗勇，不如让孩子坚持做可以增加专注力的运动。

美国伊利诺伊大学进行过一项试验，研究人员随机选取了 20 个 9 岁的孩子，第一次让孩子休息了 20 分钟后，对他们进行了一系列的提问。第二次让孩子步行 20 分钟，再对他们提问。然后，研究人员统计孩子们的测试结果，并监测孩子的脑电图，观察其大脑运动情况。

最后发现，孩子在运动过后，回答问题时更加专注，答案也很准确，并且问题的难度越大，孩子的回答就越准确。在分析过脑电图后，研究人员又得出结论：“运动后的孩子可以更好地分配注意力，且不容易受到噪声等因素的影响。”

运动不仅可以强身健体，还可以让孩子释放压力，促使心情愉快，学习更加专注。

日本作家林成之在《儿童专注力培养方法》中指出，有过成功经历的孩子，更容易提高专注力。运动给孩子提供了不断突破自我、体验成功的机会。有运动习惯的孩子善于把压力转化为对成功的渴望，专注于将自己变得更好，不受外界影响。比如说，有些孩子在考试的时候不专心答卷子，而是提心吊胆地想着“万一考不好……”。而有运动习惯的孩子就会想起曾经突破自己的经历，摒弃杂念，专注思考，尽力做好每一道题。

父母可以参考以下能够提高专注力的运动，尽量选择适合孩子的，让他坚持下去。

长跑：对于专注力不高的孩子而言，长跑是一项门槛很低的运动，它不要求孩子时刻保持专注，但长期坚持就能有效提高孩子的专注力。

小球类运动：比如网球、羽毛球、乒乓球等小球类运动，孩子的视线需要长时间追踪小球移动，小球又小又轻，运动速度非常快，如果孩子不关注，小球就会掉落。所以专注力特别重要。

武术：学习武术不是要孩子与人打架，而是要学习武术中不同的动作与技巧，从学习中提高自己的专注力。

轮滑：玩轮滑时，如果孩子分心、走神，就很难维持身体平衡，加上轮滑速度快，需要注意躲避各种障碍，这就要求孩子必须时刻保持专注的状态。

可以增加专注力的运动除了上述提到的运动外，还有很多，比如跳绳、瑜伽、体操、拳击、击剑、射箭等。有研究证明，多元化的运动则会在一定程度上让孩子爱上运动、坚持运动。

给父母的建议

父母不妨引导孩子选择他感兴趣的运动，使他更加积极地参与其中，不断体验突破自我的成就感，提高专注力。

1. 为孩子介绍运动项目

在让孩子接触运动项目前，父母要告诉孩子不同的运动对他有什么好处。这可以让孩子端正对运动的态度。父母可以让孩子做出选择，并体验一段时间。

孩子在刚选择某一运动项目时会有新鲜感，当达到一定的水平时，就会感到枯燥和辛苦。这时父母陪孩子一起运动，用自己的行动和态度影响孩子，激发孩子更多的兴趣，帮助他坚持下去。

2. 逐步接触运动

孩子在 3 岁之前，父母可以让他做一些简单的运动，比如摆动四肢等。在 3 ~ 6 岁时，父母可以锻炼孩子走、跑、跳、投。在这之后，孩子就可以学习专项运动了。另外，孩子在 7 ~ 8 岁时也可以接触团体运动。

当孩子刚开始接触运动就想要放弃时，父母可以劝说孩子坚持一两个月，看看孩子是否转变态度，再决定要不要让孩子继续学习下去。

8. 训练孩子专注力的小游戏

场景回放

小玖跟爸爸妈妈围成一圈，坐在地上玩“开火车”的游戏。爸爸说：“我选上海站。”妈妈说：“我选天津站。”小玖说：“我选北京站。”

爸爸边拍手边大声喊：“上海的火车要开了！”

小玖和妈妈拍手大声问：“往哪儿开？”

爸爸拍手喊：“往北京开。”

小玖马上拍手说：“北京的火车要开了。”

妈妈和爸爸拍手大声问：“往哪儿开？”

小玖拍手大喊：“往天津开。”

场景分析

孩子在 3 ~ 6 岁时，专注力相较于成年人而言，会更容易发散。比如，爸爸让小璐帮自己拿一本书。一开始，小璐脑子里还记得“拿书”这件事，但走着走着，看到一个小熊摆件，她驻足看了一会儿。接着，她走到书架前，又看到一本有趣的绘本，便抽出来看了看。这时，爸爸开始催促，小璐才想起“帮爸爸拿书”这件事。

成年人可以迅速筛选信息，排除干扰信息。但对于孩子来说，各种各样的事物都是充满吸引力的。因此，父母不妨利用孩子的这一特点，与孩子多玩一玩锻炼专注力的游戏。

训练听觉的小游戏：

（1）重复数字。父母说“1、2、3”，然后让孩子重复。父母可以根据孩子重复数字的正确率，逐渐增加数字，让孩子重复。

（2）父母还可以延伸玩法，如数字问答，父母说：“1、1、2”，然后问孩子：“刚刚说了几个数字？”“或者出现了两次的数字是什么？”然后父母可以根据孩子回答的正确率，逐渐增加数字，问孩子更难的问题。父母还可以照着绘本读简单的小故事，请孩子复述。

（3）或者调换数字排序，父母说“3、6、9”，然后问孩子：“这三个数字从大到小该怎么排序？”父母同样可以根据正确率，逐渐增加数字。

（4）倒背数字。父母可以念出一段数字，让孩子从后往前背。

（5）你说我动。父母给出指令，让孩子做出相应的动作。比如，父母可以说：“抬起右脚”“举起两只手”“单脚跳一下”……父母还可以将动作难度升级，比如：“请举起你的右手，把它放在你的左肩上，原地转一个圈，再跳两下。”

（6）你说我猜。父母事先准备一些写着词语的卡片，然后闭上眼睛抽卡片，让孩子用语言描述卡片代表的内容，父母猜。父母也可以和孩子交换角色，由父母来描述，让孩子猜。

这些小游戏可以锻炼孩子的听觉专注力，帮助他利用听觉捕捉更多的信息，这样，孩子以后听讲也不会轻易走神。

训练视觉的小游戏：

（1）看图答题。父母可以给孩子 30 秒的时间，让他仔细观察图片。然后，询问孩子一些问题，比如“画上有什么？”“画上有几棵树？”；还可以逐渐减少孩子观察图片的时间。父母还可以找专门的图册，和孩子玩“找不同”、走迷宫、连连看等小游戏。

（2）扑克牌游戏。将扑克牌的 1 ~ 9 拿出来，打乱顺序摆放。父母让孩子仔细观察，并记忆每个扑克牌的位置。然后，让孩子遮住眼睛或者转过身，交换扑克牌的位置，或者直接抽走，然后让孩子说出变化。

（3）彩色文字。父母可以用不同的颜色，写出代表色彩的文字。让孩子说出每个字是什么颜色。父母还可以故意把字义和颜色打乱，比如写“紫”字用黄色的笔，写“白”字用黑色的笔。孩子只有集中注意力，才能精准地说出颜色。

（4）数豆子。父母可以准备一些豆子，比如花生、绿豆、黄豆等混在一起，然后让孩子仔细观察，说出每一种豆子都有几颗。

训练全身的小游戏：

（1）背部猜字。父母可以用手在孩子的背上写字，然后让孩子猜测写的是什么字。父母也可以和孩子交换角色。如果孩子猜不出来，父母可以给孩子一些提示，或者多写几遍。

（2）萝卜蹲。这个游戏适合多人玩。每个人用不同颜色的萝卜给自己命名，比如，绿萝卜、红萝卜、白萝卜……爸爸一边平举双臂、连蹲两次，一边高声喊："绿萝卜蹲，绿萝卜蹲，绿萝卜蹲完白萝卜蹲。"接着就是"白萝卜"做出相同的动作，并随意指定下一个蹲下的"萝卜"，如此一个接着一个将指令传递下去。如果在没有指令的情况下蹲下了，或者接到指令后没有蹲下，都要被淘汰。说错指令的萝卜也要被淘汰，比如，下一个是绿萝卜蹲，但绿萝卜早已被淘汰，那么说指令的萝卜也要被淘汰。这个游戏可以一直玩到只剩下最后一个萝卜才算结束。另外，当人越来越少时，可以适当加快发出指令的速度。

给父母的建议

1. 以孩子为主导

父母在和孩子玩游戏时，要以孩子为主导，多倾听孩子的意见和想法，及时做出调整。父母还可以给孩子更多参与游戏的机会，可以故意输给孩子，让他体验游戏的乐趣，爱上这些小游戏。

2. 给予奖励

如果孩子不喜欢玩某些小游戏，那么父母可以以实现孩子的一些愿望来作为他完成游戏的奖励。另外，父母需要注意，奖励最好不要是物质奖励，或者是其他会对孩子造成不良影响的奖励。

9. 教会孩子认真观察，提升专注力

场景回放

乔杉已经上小学五年级了，但总是会犯一些低级错误。比如，写某字的时候忘记写偏旁部首；读课文的时候读漏、读错词句。妈妈一遍又一遍地提醒乔杉仔细一点，但他下一回还是会犯同样的错误。

场景分析

所谓观察力，就是指大脑对事物的观察能力，在观察的过程中，人们会对事物的声音、气味、温度等产生一个新的认识。大概到了两岁左右，孩子就具备了基本的观察力。伴随着年龄的增长，孩子的观察力也会慢慢提升。但不同于成年人，孩子由于缺乏专注力，在观察事物时总是会出现各种各样的问题。

比如有的孩子在观察事物时，只会注意到事物整体的轮廓，而忽视细节；有的孩子则过分在意细节，注意不到整体的样子。久而久之，孩子的观察力就会越来越糟糕，缺乏目的性、条理性。

观察力影响孩子的方方面面，缺乏观察力的孩子，不能对周围的人或

事做出合理的反应，常常会有缺乏常识的表现，同时，学习能力也有限。比如，在学习语言文字时，对于字形、字义、词语、句子结构之间的细微差异，观察力差的孩子不仅看不到，还会混淆、记错。

比如，在数学、物理、化学等自然学科的学习中，孩子也需要借助良好的观察能力去发现算式、符号的特征，以及它们之间的关系和变化。如果孩子的观察力较差，在学习这些科目时就会略显吃力。而具有良好观察力的孩子，就可以比较轻易地发现问题的关键，做事情也能事半功倍。

给父母的建议

父母不妨教会孩子如何认真观察，科学高效地提高观察力。那么，父母都可以做些什么呢?

1. 目标观察法

有这样一个实验：研究人员让两个孩子观察两幅看起来一模一样的图片。观察前，研究人员告诉一个孩子，这两幅图有 5 个不同的地方。然后又请另一个孩子，找到这两张图片的不同之处，却没有告诉孩子有几个不同的地方。

最后，第一个孩子比第二个孩子发现了更多的不同之处。研究人员由此得出结论，有明确的观察目的和任务，可以使孩子的观察力更加集中。因此，父母可以尝试在孩子观察前，向孩子提问。

比如，父母可以陪孩子一起看书，孩子在看到图画和有趣的内容时，会非常感兴趣。但大致看过一遍后，孩子就会急着去翻下一页，寻找新的有趣的内容。此时，父母就可以问孩子，比如：“画中……的上面有什么？这个是什么？”引导孩子从细节到整体，全面观察。父母也可以让孩子寻找同一偏旁、相同读音的文字，或者数出某一个字出现了几次。

2. 感官联想法

父母可以引导孩子了解并运用各个感官来观察事物。父母可以提问，让孩子自己描述。比如，“宝宝看到 / 听到 / 闻到 / 摸到了什么？”这可以提高孩子观察的积极性。

等孩子描述完之后，父母可以引导孩子展开联想。比如，孩子根据观察到的事物的外形、触感、气味进行联想。一朵花的形状可以让孩子联想到漂亮的裙子；草的颜色可以让孩子联想到乌龟、西蓝花；泥土的气味可以让他联想到下雨的场景、蚯蚓松土的场景。如果孩子一时间说不出来，父母可以示范性地说一个，或者给他一些提示。

在联想时，孩子会更加仔细地观察事物的特征，每当有新发现，他都能感受到仔细观察的乐趣。

3. 观察记忆法

我在家里经常和孩子们玩一个小游戏。首先，我找到一件东西，比如图画、文具盒、闹钟、桌子等。然后，我让孩子们观察 60 ~ 90 秒后闭上眼睛，在脑子里回忆该物体的样子、特征。5 分钟后，我让孩子们闭着眼睛描述该物品的特征。如果哪个孩子语言混乱，我就采取提问的方式帮孩子梳理。孩子描述结束后，我让他睁开眼重看一次该物品，让他自己发现是否有遗漏的。

父母可以让孩子先从简单的事物开始观察，然后再观察复杂的事物。孩子反复观察、闭眼描述的这个过程可以有效提高孩子的观察力和记忆力。

4. 系统观察法

父母可以教孩子系统地观察事物，让孩子从事物发展的不同阶段来观察并进行对比。比如，从不同方位观察树木抽芽与叶子凋落，并进行对比，还可以将两种同类别的事物放在一起，让孩子比较观察，这样有助于孩子体会事物之间细微的差别，并加深对它们的印象。

第六章

不失控，培养孩子的情绪自控力

1. 坏脾气的孩子背后，也会有坏脾气的父母

场景回放

我在网上曾看到一则视频新闻。一个 12 岁的男孩弄坏了饭店的物品，只好找妈妈求助。妈妈赔了钱后，严厉地训斥了孩子。男孩并不认为自己有错，于是冲上前打妈妈。妈妈被激怒，当即反击，和孩子打了起来。其他人赶紧上前拉开孩子，妈妈还是很生气，继续数落指责孩子。最后孩子又被惹怒了，母子二人再次打了起来。

场景分析

这个视频发布后，有的围观群众说：“这个孩子的脾气太差了，必须得好好管教。”现实中，也有一些孩子喜欢发脾气，父母则简单地归咎于孩子性格不好、情绪不稳定、不服管教等。但其实，每个爱发脾气的孩子背后，也会有坏脾气的父母。就如视频中的妈妈，如果她没有打骂孩子，而是冷静地与孩子交流，孩子也不可能攻击她。

在孩子上幼儿园之前，孩子和父母在一起的时间很长。孩子在 2 岁左右时，拥有了基本的判断和模仿能力。此时的孩子热衷于模仿父母的一切

行为，如果父母经常在孩子面前争吵、发脾气，孩子就会学习、模仿。如果两三岁的孩子经常发脾气，父母或许就需要反思自己的行为了。

坏脾气的父母往往情绪不稳定，这种不稳定的情绪会一并传染给孩子。在电视剧《父母爱情》中，妈妈安杰脾气暴躁，孩子们饿了，让妈妈快点做饭。安杰表现得很不耐烦，孩子便说：“你自己不会擀面还赖我们啊！”安杰听到后，抬起擀面杖就要打孩子。女儿江亚菲在妈妈的影响下，脾气也越来越大。哥哥叫江亚菲去参加家庭会议，她不高兴，不仅不肯参加，还拿东西砸哥哥。

心理学中有一个著名的“踢猫效应”，讲的是一位父亲在工作时受到批评，回家后就把调皮的孩子臭骂了一顿。孩子感到愤怒，就狠狠踢了一脚身边的小猫。当父母向孩子发泄不满后，这种负面情绪就会在孩子的心中生根发芽。

如果父母喜欢通过打骂的方式发泄情绪，孩子隔三岔五就要受到惊吓。久而久之，孩子就会失去自信心，变得敏感、多疑、孤僻、缺乏主见。如果家庭经常发生争吵，孩子的性格也有可能变得易冲动，一言不合就与他人发生争执。

给父母的建议

暴躁易怒的父母能教给孩子的，只有如何发脾气。所以，父母想要孩子有一个好性格，不妨先学会控制自己的情绪。

1．避免和孩子发脾气

父母可以把“不要生气”这几个字写在一张大纸上，贴在醒目的位置提醒自己。或者把某件物品设置为“不要生气”的提示，只要看到这件物品，父母就要告诉自己不能随便和孩子发脾气。

当看到孩子犯错，或者发脾气时，父母可以先感觉一下自己是否生气了，能否做到心平气和地与孩子对话。如果父母觉得自己控制不住情绪，不妨先和孩子分开，给彼此一个冷静下来的机会。

父母可以对孩子说：“爸爸 / 妈妈有些生气，你待在这里，等爸爸 / 妈妈情绪稳定的时候，再和你沟通这件事。”或者说“爸爸 / 妈妈今天很累，心情很差，想要安静地待一会儿，有问题我们一会儿再说。”这样孩子就会有所收敛，而父母将自己的感受说了出来，也不会太过压抑。

2．调整好情绪

当离开孩子后，父母就需要迅速调整好自己的情绪。父母可以想一想自己还有什么其他的事情没有做，转移一下注意力，或者回忆孩子的优点和可爱之处来减轻对孩子的愤怒。

父母还可以在心里默数数字，通常情况下，数到 60 之后就不会那么生气了。或者通过腹式呼吸、对着镜子微笑等方式来缓和情绪。

父母也可以迅速将自己的情绪发泄出来。比如，通过做运动、做家务或狠狠地捶几下枕头都可以。切记，父母在发泄情绪的时候，最好不要摔手机、用脚踹墙等，这些行为可能会使情绪进一步暴躁。

3. 及时补救

如果父母一时没有控制住，朝孩子发了脾气，就需要及时补救，防止给孩子留下心理阴影。父母冷静下来后，可以向孩子解释自己发怒的原因，比如“看到你把果汁倒在了床上，想到床单很难清洗，爸爸妈妈就非常生气。”父母可以告诉孩子他的行为错在了哪里，然后要求孩子和自己一起想办法解决问题。父母还可以告诉孩子：“爸爸妈妈不应该冲你发火，虽然不喜欢你的行为，但爸爸妈妈是爱你的，我们一起改正错误。”

如果不是孩子的错，父母可以明确地告诉孩子：“对不起，这不是你的错，爸爸妈妈不应该向你发火。”然后表达对孩子的爱，让孩子重新获得安全感。

2. 教孩子正确表达情绪，而不是只知道哭

场景回放

场景分析

有些孩子动不动就哭，父母看到了就会觉得孩子娇气、无理取闹。但其实，孩子只是在表达自己的情绪。

当孩子哭得太多，有些父母就会感到不耐烦，于是开始责备孩子。孩子害怕父母的责备，同时也会忍不住怀疑自己，变得自卑、脆弱，遇事只想退缩。

有些父母一看到孩子哭，就会想方设法满足孩子的各种需求，或者把孩子逗开心。长此以往，孩子就会觉得哭可以吸引关注，解决问题。于是就会有意识地哭，把哭泣当作一种达成目的的手段。但孩子这样做，无益于培养并提高解决问题的能力。渐渐地，孩子就会变得性格急躁、固执任性。

心理学家威廉·弗雷发现，85%的女性和73%的男性在哭过之后，会感觉更好。这是因为哭泣可以促进大脑分泌内啡肽，这种激素能起到缓解压力和焦虑的作用，让人们的情绪稳定下来。因此，如果孩子动不动就哭，父母可以允许孩子哭一会儿，把坏情绪释放出来。

更重要的是，父母还要引导孩子说出需求，表达情绪。

给父母的建议

心理学家认为，人们无论年龄大小，都需要学会表达自己的情绪。那么，父母应该如何教会孩子正确地表达情绪呢?

1. 教孩子认识情绪

年幼的孩子对情绪毫无概念，情绪是抽象的，所以很难认识并分辨。因此，父母可以教会孩子认识情绪。心理学认为，人类的基本情绪分为四种，即欢乐、愤怒、恐惧和悲伤。父母可以先教孩子认识这四种基本情绪，然后再慢慢延伸。

父母可以仔细观察孩子，在孩子产生情绪时，结合面部表情等准确地描述给他听。比如，“脸都气红了”“哭得好伤心”等。父母还可以教会孩子各种表达情绪的词汇，并引导孩子回忆感受，比如“爸爸送给你一辆小汽车时，你是不是开心得一直在沙发上跳。”父母让孩子记住词汇对应的感觉，这样下一次体会到相同的情绪时，孩子就不至于茫然无措了。

如果孩子年龄较小，父母还可以利用表情图片教孩子认识情绪。父母可以把表情图片打印出来，和孩子来玩猜一猜的游戏。

2. 让孩子说出产生情绪的原因

当孩子能够准确说出自己处于哪一种情绪之后，父母就可以引导他找出产生情绪的原因。孩子产生情绪的原因可能是多种多样的，只靠父母猜测是很难猜出来的。因此，父母不妨让孩子自己说出来。

我在遇到这种情况时，会直接问：“你一直在……可以告诉妈妈发生了什么事情吗？”也可以用猜测来询问孩子：“你生气是因为和小曼吵架了吗？”无论猜测是否正确，孩子都会给出回应，然后我再继续引导，找出原因。

找出原因后，父母可以给孩子一些建议和支持，或者教孩子正确发泄情绪的方法，帮助孩子平静下来。

3. 孩子情绪失控，别轻易使用冷处理

场景回放

一位妈妈带孩子外出，孩子情绪失控地躺在路边的草地上撒泼打滚。妈妈没有上前安慰或是阻止，而是站在旁边默默看着。孩子哭闹了半个小时，见妈妈不理他，就自己默默爬了起来。

场景分析

有人将上面这个案例录成视频发到网上，获得很多人的点赞。许多网友都留言：“熊孩子终于有人治了，结局极度舒适。”但是，放任孩子在陌生人的注目下，哭闹半个小时，孩子的内心是怎么想的呢？

孩子的情绪来得快，去得也快，且在失控的时候，听不进任何劝说。“冷处理”对治孩子耍赖胡闹确实效果显著，但很多父母操作不当，把“冷处理”演变为了“冷暴力”。比如，父母看到孩子发脾气，直接把孩子抱到一边，冷着一张脸不闻不问。年幼的孩子本就处于崩溃的状态中，缺乏安全感，父母这样做很容易让孩子产生误解，觉得父母不在乎、不爱自己，自己被抛弃了。如果后期沟通不到位，孩子很可能满腹委屈，也不知道自己哪里错了。到头来，父母什么问题都没解决，反而导致亲子关系变差。

有科学家认为，因情绪而哭泣，是人类的特质。在进化的过程中，人类为了向同伴表达情绪，因此会微笑、会哭泣。这可以帮助人们建立情感联结，使得人们的感情更加深厚。而父母将哭泣的孩子置之不理，无疑是

放弃了与孩子加深感情的宝贵机会。

年纪较小的孩子非常容易情绪化，不过随着孩子的成长，各项能力得到发展，孩子就会慢慢学会使用语言来表达自己的情绪。但如果在这期间，父母只知道把孩子扔在一边，让他自己哭，孩子就没有机会学习转换表达情绪的方式。孩子长大以后有了情绪问题，往往只会躲起来哭，或者乱发脾气。

有些孩子在经历“冷处理”后，就知道不可以哭闹，便总是强压下想要哭闹的想法。长此以往，孩子就会变得麻木，忽略、压抑自己的情绪。在与其他人交往时，孩子也会极力回避与他人进行深度情绪交流，错失珍贵的亲密关系。

但崩溃的情绪被压抑、被忽视，并不意味着消失了。而是很有可能用其他方式发泄情绪，比如代替性物质成瘾，就像一些成年男子在内心苦闷的时候，会努力压抑情绪，靠吸烟或喝酒来麻痹自己。

给父母的建议

父母对孩子“冷处理”，孩子就会将自己与外界隔离。那么当孩子情绪崩溃时，父母怎么做才是正确的呢？

1. 陪在孩子身边

当孩子情绪崩溃的时候，父母可把孩子带到安全、安静的环境中，陪在他身边。在这期间，父母可以先深呼吸，让自己先平静，然后慢慢靠近孩子。孩子感觉到父母的冷静，情绪也会渐渐冷静下来。父母可以把孩子抱在怀里，轻轻拍孩子的后背。

父母还可以给孩子放一些舒缓的音乐，或者给孩子唱一些他喜欢的童谣，帮助孩子冷静下来。等孩子不闹了，父母再与孩子进行沟通。

2. 询问孩子发脾气的原因

公园里，卢珊正在荡秋千，她玩着玩着就哭了起来。妈妈赶紧上前抱住孩子，并询问孩子为什么哭。孩子说她想去玩滑梯，但滑梯那里有好多孩子，她觉得轮不上她了。妈妈闻言，便带着孩子去滑梯处排队，并告诉她还有 7 个孩子就可以轮到她了，妈妈会一直陪在她身边。

孩子情绪崩溃一定是有原因的，当父母看到孩子的情绪，站在他的角度思考问题，安慰并帮助他，孩子就能体会到父母的关注和用心，这样的安全感会让他平静下来，直面困难。

4. 孩子受不了一点批评，怎么办

场景回放

小珺回到家后，把书包随手扔在地上。

妈妈：“你怎么又把书包扔地上了？”

小珺噘起嘴，眼睛里满含泪水。

场景分析

相信有些孩子跟上面案例中的小珺一样，一不高兴就嗷嗷哭，哪句话说重了，眼泪立马就下来了。

其实，一说就哭是孩子长大了有自尊心的表现，同时也和孩子平时受到太多夸赞有关。这些孩子沉浸在盛赞的海洋中——“宝宝真乖，一晚上没哭”“宝宝会叫妈妈了，好厉害！”“宝宝会自己吃饭了，棒棒哒。”“宝宝会数数了，真聪明。”……

面对“奶呼呼”“软糯糯”的小朋友，很多父母是一句重话都不忍心说，逮到机会就亲亲抱抱，不停夸奖。孩子习惯了耳边全是好话，这样下去抗挫折能力就会降低，一旦直面批评，孩子就会觉得自己受了天大的委屈，难以接受。

孩子的人生道路难免会步入弯路，如果孩子都在赞美中长大，没有任何批评，那么孩子在步入弯路时会更脆弱。

我国著名教育家陶行知认为“生活即教育”，过度的呵护与表扬，只会让孩子对自己、对外界产生错误的认知。当过度被表扬的孩子面对批评时，孩子有可能故意会把批评忽略掉，不管家长怎么说，说多少遍，就是不听，不肯改正，同时产生许多负面情绪，比如，孩子前一天被老师批评了，第二天早上就会在学校门前哭闹，不愿意进去。

孩子不能在蜜糖和赞美声中长大，适宜的批评是孩子成长路上的不可或缺的“盐”。父母要给孩子一个真实的世界，让孩子经得起表扬，也受得了批评。

给父母的建议

在维护孩子自尊的前提下，父母可以引导孩子直面批评，在批评中汲取成长的养分。

1. 询问孩子挨批评的原因

当孩子因挨批评而不开心的时候，父母可以陪在身边，默默倾听孩子的抱怨。等孩子冷静下来的时候，父母可以询问孩子："你觉得是因为什么才被批评？"父母可以帮助孩子梳理好事情经过，然后对他说："批评你，是因为你做的事情不对，而不是因为你这个人不好，爸爸妈妈对你的爱，不会因为批评而减少。"

父母可以就事论事，详细告诉孩子哪里做错了，为什么不能这样做，这样做会造成怎样的后果。

2. 只批评眼前的行为

当父母要批评孩子时，需谨慎措辞，只批评眼前的行为。

有些父母在批评孩子时，都喜欢说"你怎么这么粗心/冒失/没用……"之后才是批评孩子的行为。有些父母还喜欢翻旧账，说："你之前就……""我都说过你多少次了……"还有些父母喜欢做比较，"你看看你们班的……人家怎么从不犯这种错误？"父母这样说很容易导致孩子自我怀疑、自我否定。

父母应只批评孩子眼前的行为，同时告诉孩子如何改正错误，这样孩子下次遇到同类问题时才会解决。

另外，父母可以允许孩子申辩，并且认真倾听，不打断孩子的发言。让孩子说出自己的想法，不是要让他推卸责任，而是让他明白如何更好地沟通和想办法解决问题。

3. 注意批评的场合

父母在批评孩子时，需要顾及孩子的自尊心和身心健康，在以下场合建议不要批评孩子。

（1）不在外人面前批评孩子：在外人面前挨批评，孩子会感到十分羞耻，不仅自尊心受挫，还有可能加深与父母之间的矛盾。

（2）不在晚上睡前批评孩子：睡前挨批评，孩子会因负面情绪而难以入睡，或者降低睡眠质量。

（3）不在饭桌上批评孩子：吃饭时批评孩子，孩子容易精神紧张、情绪低落，孩子没心思吃饭，还很容易引起消化不良。

5. 孩子公共场合耍赖，不吼不叫也能搞定

场景回放

悦悦跟着妈妈出去玩，看到有卖小仓鼠的店铺，便求妈妈给自己买一只。

场景回放

场景分析

当孩子的需求得不到满足时，孩子的情绪会比较糟糕，而且说哭就哭。

善于观察的孩子，会将哭闹变成要挟父母、满足愿望的利器。

孩子在公共场合哭闹耍赖，父母就会感到尴尬、愤怒，进而对孩子吼叫怒骂。听到父母的怒骂声，孩子会感到焦虑、紧张、惊恐。此时，孩子做不到反思自己的错误，他只会闭上眼睛，捂住耳朵，更大声地哭喊，以此逃避父母的吼叫怒骂。长此以往，孩子就会习惯于对自己的错误和缺点持回避态度，喜欢推卸责任。

而众多陌生人的旁观、指指点点，则会让孩子觉得大家都瞧不起自己。这不仅会打击孩子的自尊心和自信心，还可能让孩子对公共场合产生心理阴影，总觉得大家都在关注、嘲笑他，一到公共场合就容易局促不安，内心深处总藏着一份对外界的戒备和敌意。最终，亲子关系变得愈发糟糕。

因此，父母不妨冷静下来，采取更加温和的方式来对待孩子。毕竟，孩子的健康成长和良好的亲子关系更重要。

给父母的建议

父母的情绪可以影响孩子的情绪，如果父母不吼不叫，循循善诱，孩子也会更愿意配合。

1. 与孩子共情

当孩子哭闹的时候，父母可以尝试与孩子共情。父母可以蹲下来对孩子说："爸爸妈妈没有给你……你很伤心是不是？"这样，孩子就会明白，父母清楚他的想法和感受。

接着，父母就可以说："爸爸妈妈知道你很伤心，你想哭就哭吧！不过，我们得小声一点，不能打扰其他人，我们陪着你。"这样做，就可以让孩子明白哭是没用的。

父母陪在孩子身边时，可以握住他的手，拍一拍他的背，或者给他一个拥抱。这样可以让孩子感受到，父母虽然没有满足他的要求，但对他的关爱是不变的。

2. 给孩子喝水

孩子哭累了，父母可以给孩子喝一点水。在孩子喝水期间，跟孩子好好沟通，或者哄孩子把注意力转移到其他事物上。

比如，父母可以和孩子开开玩笑，或者掏出手机，把孩子的小花脸录下来。此时，孩子虽然情绪还没有缓过来，但身体却会很诚实地和爸爸妈妈玩起来。

6. 不因孩子的情绪性行为而责罚他

场景回放

佳璇看到路边摊上的烤肠说：“妈妈，我想吃。”

妈妈说：“路边的东西我们不知道卫不卫生，吃完了有可能会肚子疼哦。”

佳璇听不进去，大喊：“我要吃，我就要吃！”

妈妈有些不耐烦：“我说了不能吃。走吧。”

回到家后，佳璇依然在为没吃到烤肠闹情绪。妈妈很生气，就罚佳璇站在墙边，好好反思。

场景分析

当孩子的需求没有得到满足，或者自尊心受到打击时，自然会产生愤怒、伤心等负面情绪。年龄较小的孩子，缺乏和他人交往、沟通的经验，加上不能认识、消化负面情绪，就会通过一些不恰当的方式来宣泄。比如，哭闹、骂人等。父母觉得孩子在无理取闹，就会批评甚至惩罚孩子，以此让孩子明白他的所作所为是错误的、不被允许的。孩子可能会因为害怕而立刻停止当下的行为，但这样做治标不治本。

粗暴的责罚只会让孩子以为父母不允许他哭，不喜欢他提要求，或者认为父母不爱甚至厌恶他，久而久之，孩子就会变得自卑，经常自我怀疑、自我否定。有些孩子则会牢牢记住被惩罚时的痛苦，开始仇视父母，他们总是回避和父母进行情感交流，也不敢向父母表达不满的情绪。愤怒、不甘等负面情绪在孩子的心里越积越多，父母的责罚也就越来越不管用了。

孩子受到责罚后，几乎不可能意识到自己的情绪反应是不恰当的，也不知道怎样做才是对的。而隐藏在孩子过激行为背后的需求和问题，也就被忽略了。

因此，责罚孩子的情绪化行为是不可取的。当面对孩子的情绪化行为时，父母不妨保持冷静、宽容的态度，慢慢引导孩子合理地表达、发泄情绪。

父母的理解和宽容也能在一定程度上缓和孩子的情绪，避免孩子的情绪进一步激化。其实，孩子在做出过激行为时，都会预感到自己将受到责罚。这时，如果他得到了父母的宽容和理解，就很有可能感到愧疚和感激。这会让孩子自觉反省，使他更愿意接受父母的教导，改正自己的错误。

给父母的建议

父母不能因孩子的情绪性行为而责罚他，尽可能地宽容、理解孩子，引导孩子认识并改正错误，具体可以怎么做呢？

1. 平静地和孩子讲道理

当孩子出现情绪性行为时，父母可以尝试平静地和孩子讲道理。父母可以有意识地调整自己的面部表情和眼神，尽量温和平静。如果孩子发现父母看向自己的目光是冷漠、厌恶的，就会觉得父母讨厌自己，这会进一步刺激到孩子。

在调整面部表情的同时，父母也要调整自己的心态。父母可以告诉自己："孩子做出这些举动都是无意识的，他现在很无助，我得找到他发脾气的原因，和他一起解决问题。"当确认自己可以和孩子交流后，父母可以上前把孩子抱进怀里，看着他的眼睛和他交流。父母可以询问，或者猜测孩子发脾气的原因，然后引导孩子讲出情绪背后的需求。在沟通时，父母需要保持耐心，用孩子能理解的话多讲几遍。

2. 转移孩子的注意力

如果孩子情绪十分激动，什么也听不进去，父母可以尝试转移孩子的注意力。父母可以让他看一看其他孩子，并说："你看，那个妹在干什么，你都哭成小花猫了！"通过转移注意力，让孩子自觉控制情绪。

父母也可以带着孩子去其他地方走走。这样做既可以让孩子忘记让他发脾气的事情，也能舒缓父母和孩子的心情。

7. 像接受坏天气一样，接纳孩子的坏情绪

场景回放

顾浩和小狗玩，玩着玩着，小狗突然跑走了。顾浩茫然地坐在地上，号啕大哭起来，妈妈听到声音，走过来说："别哭了，小狗在吃饭，你自己玩玩具吧。"

顾浩跑去看小狗，见小狗只知道吃，不搭理自己，不禁又抽泣了起来。

妈妈不耐烦地说："再哭，就不让你和小狗玩了。"顾浩使劲吸了吸鼻子，忍住不哭了。

场景分析

孩子的脸，就像六月的天，上一刻还是晴空万里，下一刻就阴云密布、狂风骤雨。正如大多数人都喜欢好天气，不喜欢坏天气一样。父母都喜欢看到孩子笑，不愿看到他愁眉苦脸、满脸泪水，或者大吼大叫。但情绪和天气一样，本没有好坏之分。只不过有些是人们喜爱的，所以就说这是"好"的，而人们不喜欢的就成了"坏"的。

面对孩子的坏情绪，很多父母的第一反应就是制止。孩子哭闹，有些父母心里跟着难受，便想尽办法，想要将孩子哄笑。有些父母觉得烦躁，便对孩子怒吼："不许哭！"我们在前面讲过，哭闹只是孩子在表达和发

泄自己的情绪，是正常的生理和心理反应。父母否定、制止并压抑坏情绪，反而会对孩子造成不良影响。

父母不允许孩子表达坏情绪，就会让孩子觉得“这些情绪爸爸妈妈不接受，自己有这些感受是错误的。”但孩子控制不住自己的情绪和行为，他们会渐渐地不再接纳坏情绪。每当孩子不开心的时候，就会不断压抑情绪，或者装出一副平静的样子。但此时，孩子的内心是茫然无助的。长此以往，孩子就会形成悲观的性格。

孩子产生坏情绪一定是有原因的，父母不妨尊重、理解并接纳，允许他表达、发泄。这样，孩子才会明白，坏情绪其实不坏，是可以和其他人分享的，是可以被理解、接纳的。只有这样，孩子才能毫无负担地直面坏情绪，父母才能感受到孩子的变化，从而给予孩子更好的关注与支持，教他如何正确处理坏情绪。

给父母的建议

孩子感受到坏情绪，能够立刻发泄出来是一件好事。父母不妨耐心地与孩子沟通，与他一起了解并直面坏情绪。

1. 陪孩子发泄

当孩子有了坏情绪，开始哭闹时，父母可以陪在孩子身边，等他发泄完。父母可以对孩子说：“想哭就哭吧，爸爸妈妈在这里陪着你。”这样说的目的不是平息孩子的哭泣，而是让他把情绪全部宣泄出来，不要积压在心里。

父母也可以帮孩子说出他的感受，比如“爸爸妈妈知道你很委屈 / 难过……”这可以在一定程度上帮助孩子发泄。

父母可以抱一抱孩子，摸一摸孩子的脑袋，给孩子做一个简单的按摩，这样有助于舒缓情绪，避免孩子的情绪过于激烈，影响身心健康。

2. 询问原因

孩子发泄完后，父母可以询问：“发生了什么事，怎么这么难过？”这句话虽然简单，却可以让孩子开始认识使他产生坏情绪的因素。

如果孩子的年龄比较小，不能够准确地表达内心感受时，父母不妨保持耐心，多给孩子一点时间，引导孩子说出具体的感受，然后认真分析孩子话语中包含的信息。父母可以套用句式“是因为……（事件）你感到……（情绪），才会……（行为）”。

父母引导孩子直面问题，教他如何组织语言、表达自己的感受和需求。久而久之，当孩子再次遇到这种情况时，就可以用语言来表达情绪，而不是一味逃避、哭闹了。

3. 安抚孩子的情绪

父母不仅要允许孩子表达负面情绪，还要给予孩子恰当的回应，让孩子学会如何对抗坏情绪。

比如，孩子从床上掉了下来，又疼又害怕，忍不住哭起来。父母就可以说：“好疼啊！来，给你揉一揉，揉揉就不痛了。”父母也可以说：“吓到了吗？宝宝好勇敢啊，来，深呼吸……”

再比如，孩子玩游戏输了，闷闷不乐。父母可以说：“玩游戏嘛，输了不高兴很正常，爸爸妈妈输了也好难过，你可以……”父母可以给孩子一些建议帮助他消化情绪，比如扔飞盘等。

父母陪孩子一起发泄，让他知道可以有坏情绪，有情绪很正常。当孩子明白自己有情绪也没什么大不了后，就会更轻松地应对情绪问题。

8. 孩子顶嘴，最怕父母硬碰硬

场景回放

妈妈：“别玩了，快来吃饭。”

木聆：“我不饿，不吃了。”

妈妈：“怎么能不吃饭，快点。”

正在玩游戏机的木聆没有动身。

妈妈提高声调：“把游戏机放下！”

木聆：“烦死了，我说了我不吃。”

说完，一扭身跑进自己屋，并关上了门。

场景分析

父母可能会觉得和处于青春期的孩子沟通起来十分困难。父母说一句话，孩子有十句话在等着，还句句都能把父母气够呛。

其实，孩子和父母顶嘴，这是一个较为正常的现象。孩子年龄比较小的时候，愿意听从父母的安排。但等到孩子的自我意识逐渐发展，孩子就会希望一切可以按照自己的想法进行。此时，如果父母还像从前一样安排、命令孩子，孩子就会拒绝、顶嘴。

有些孩子和父母顶嘴，是为了维护自己的尊严。比如，有的父母在和孩子沟通时没有顾及孩子的感受，尖刻严厉、粗暴独断，甚至还当着外人的面批评、贬低孩子。孩子的自尊心受到打击，就会忍不住和父母顶嘴，通过这种方式来反抗，并宣泄内心的不满和痛苦。

还有一种情况是，孩子其实不是顶嘴，父母却把孩子的语言定性为顶嘴。比如，当父母在说一件事情时，孩子觉得父母的叙述、看法有问题，忍不住插话说出自己的想法。但父母听到孩子的看法后，觉得自己的权威受到了质疑，进而把孩子的表达判定为顶嘴。

如果孩子只是和父母表达自己的想法，却被误解，那么他必然感到委屈不解。

给父母的建议

当孩子顶嘴时，父母不妨先控制好情绪，避免被孩子影响。父母可以参考以下方法，得体地化解和孩子间的矛盾。

1．推后谈话

如果父母和孩子有一方的情绪比较激动，父母可以把谈话推后，等双方冷静下来再沟通。当情绪来的时候，人是很难控制自己的。把谈话推后，可以有效避免双方因为过激的言行而受到伤害。

父母可以和孩子说：“爸爸妈妈现在有些激动 / 混乱，我们先暂停，再好好想一想要说什么。”父母也可以说：“你现在不在状态，不如去冷静一会儿，想好了再把你想说的话说出来。”或者“我们都有不对的地方，不如各自先回房间反思一下。”

2. 表达感受

当被孩子顶嘴时，父母可以表达自己的真实感受，让孩子明白自己的行为是不恰当的。父母可以直接说：“你这样说，爸爸妈妈觉得很伤心。”或者“你的话太伤人了，爸爸妈妈觉得很委屈，因为……”接着，父母可以和孩子解释，或者要求孩子做出解释。

3. 教孩子有理有据地说服别人

父母要告诉孩子，即使不赞同对方的看法，也要尊重对方。人身攻击、大吼大叫都是不正确的。父母可以和孩子练习辩论，教孩子如何清晰地表达自己的观点，有理有据地说服他人。

第七章

坚持力，让孩子不轻易放弃

1. 降低计划的难度，让孩子容易坚持

场景回放

再过一个月就要期末考试了，妈妈要求小乐将一到三年级学的所有英语单词、语法全部复习一遍；数学每天写一套卷子，整理错题；把一到三年级的语文中所学的需要背诵的内容，全默写。要学习的内容太多了，小乐每天熬夜到很晚也完不成。

场景分析

父母总是热衷于给孩子制订各种各样的计划，如学习计划、运动计划、练琴计划、作息计划……父母雄心壮志，决心让孩子的一切都变得井井有条，稳步向前。但对父母来说精心准备的计划，孩子却叫苦连天，根本无力应对。

有的父母说，我都是按照孩子的学习进度、日常作息来制订的计划，难度怎么可能会大？父母以为的容易，是针对孩子的能力。而孩子觉得难，可能源自心理上的抗拒。就像你让一个 8 岁的孩子，提两斤土豆，你觉得那还不容易？幼儿园的孩子都能做到。但如果孩子发自内心不愿意去提，这件没有难度的事自然就变得有难度了。

比如，父母要求孩子假期每天 6 点 30 分起床，因为平时上学也是这个时间，有什么难的？但对孩子来说，他的想法可能是“放假了，终于可以不用那么早起床了，我要 9 点再起床。”那么，这个计划对于孩子来说就太难了，因为他需要对抗自己不情愿的心情和放纵的诱惑。

父母觉得孩子理所当然可以做到的事情，却不符合孩子的心理需求。比如，父母要求孩子在半个小时内完成一页练习题，但孩子在写作业的过程中可能吃一点零食，摸一摸玩具，浪费了十多分钟的时间。这时父母如果发现孩子没有专心写作业，就会催促孩子，孩子就会觉得自己受到了约束和管制，就会特别不配合。

甚至，有些父母制订的计划自己觉得很简单，实际上孩子根本没有能力完成。

给父母的建议

父母应适当降低难度，让计划变得简单明了，这样孩子更乐于去执行。

1. 与孩子讨论计划的难度

如果孩子觉得计划太难了，执行不了，父母不要急着批评孩子，或指责孩子偷懒，而是与孩子一起讨论，了解孩子为什么觉得难，然后做出适当调整，或者和孩子一起想办法解决难的部分。

比如孩子觉得每天练两页字太难，父母不妨问问孩子，练两页字是觉得很累吗？如果孩子感觉很累，可以分两三次练习完。如果孩子仍然觉得难，可以与孩子商量把两页改为一页。总之，要让孩子接受计划，并愿意去完成。

2. 把长计划变成短期计划

如果是长达一年或者半年的计划，就算计划的内容不难，孩子也很容易中途执行不下去。不妨把长计划拆分成短计划，如月计划、周计划。

将战线缩短，孩子会觉得坚持一下就能实现计划，而不是因目标遥不可及而选择放弃。而且，短期计划更容易完成。时间到了，父母换一种形式，或者换一项任务，孩子还是会干劲十足地去完成。

3. 制订微习惯计划

父母可以帮助孩子制订微习惯计划。微习惯计划就是指那些小到不能再小的计划。微习惯计划可以是很多个项目同时进行，也可以单独一个项目进行。父母可以结合孩子的实际情况和具体需求，帮助孩子制订微习惯计划，比如，让孩子每天背五个单词，写只有三句话的日记等。

2. 具体表扬，有助于孩子坚持

场景回放

小朋把画好的画拿给妈妈看。

妈妈仔细看了看，说："宝宝画得真不错，太棒了！"

场景分析

父母总是不吝啬于对孩子的表扬，但很多父母看着孩子期待的小表情，说出口的只有“太棒了！”“真不错！”“厉害了！”等笼统的表扬。

这种空泛而乏味的表扬，孩子听得太多，会产生错误的认知。他们一面觉得自己确实“很棒”，一面又觉得表现好的结果也不过就是一句“真棒”。久而久之，孩子就不会因表扬而兴高采烈、干劲满满。

心理学家海姆•吉诺特博士认为，“有益的表扬要从两个方面来进行，一是用赞赏的语气描述看到的和感受到的；二是孩子听完之后能够赞赏自己。”

有一位妈妈在网上分享儿子学写字的事情。儿子刚开始学写汉字，字写得并不好看，而且常常写到格子外面。妈妈没有指出儿子的不足，也没有盲目地夸奖孩子。每一天，妈妈都会认真地观察这些字，给孩子一个字、一个字地指出哪里好：“这个‘人’字的一撇写得真好看，这个‘大’字的横很直，‘小’字的这个点很有力道，这个‘田’字很整齐……”

每当听到妈妈的表扬后，儿子都十分开心，然后捧着本子反复地看，小手还不厌其烦地比画着。

父母表扬孩子时，语言越具体越好。因为表扬十分具体，孩子可以清晰地明白哪些行为是好的，并找准努力的方向。当父母把孩子做的每一个动作、每一个细节都描述出来时，孩子就会知道父母在关注自己，他的努力和付出得到了父母的尊重。

正如列夫•托尔斯泰所说：“称赞不仅对人的感情，对人的理智也起着很大的作用。”父母表扬孩子具体一些，不仅可以提高孩子的积极性，还会让他认识每一个好的行为的价值。此时，孩子做出好的行为，就不仅仅是因为父母的表扬或是要求，这是他经过理性思考后做出的选择。

给父母的建议

父母不妨去挖掘在孩子行为中的亮点，表扬具体细节，这样做既不失真诚，也能让孩子方向明确地努力下去。

1. 事前表扬

父母可以在孩子做好一件事后表扬，也可以在做事前表扬。《幸福深处》这本书中有这样一段文字："儿子巴图生病，我对小阿姨说：'我发现巴图和别的小孩儿不一样，别的小孩儿吃药都哭，可他从来不哭，他不怕吃药。这一点他和别的小孩儿真的不同。'然后巴图坚强地把药给喝了。"

父母针对具体的情景，对孩子进行具体的表扬，既给了孩子鼓励，也给孩子打了一个"预防针"，让孩子能以更好的状态面对挑战。

2. 延伸表扬

父母不可能盯着孩子的一举一动，然后进行具体表扬。所以，父母可以在表扬孩子的时候，加一些自己的推测。比如，在孩子把碗刷好后，父母可以说："我看到你很认真地挤了洗洁精，还用水冲了两遍，碗里一点泡泡都没有留下。这么滑溜溜的碗，爸爸妈妈知道你一定抓得很牢，很小心。"

3. 用一个词概括孩子的行为

《怎么说，孩子才会听；怎么听，孩子才肯说》一书中介绍，正确的表扬不仅要描述你的所见，还可以把孩子值得赞赏的行为总结为一个词。

比如："你看了半个小时的绘本，真的很专心 / 有耐心……"总结的词汇最好精准一些，可以让孩子对自己的行为有一个清晰的认知。

3. 如何帮助有畏难情绪的孩子坚持

场景回放

场景分析

"这个太难了""我不会啊""我做不到的"……很多孩子在遇到难题后，就会出现"畏难情绪"，他们浑身上下的每一个细胞，都写着抗拒。看着因为一点小问题就崩溃大哭的孩子，父母不知道该如何处理。

“畏难情绪”就是害怕困难表现出来的一种情绪。具体表现为，遇到困难就退缩、拖延、回避。在畏难情绪的影响下，孩子没有勇气面对困难，也不相信自己能够克服困难，不但不会积极主动地解决问题，还会在无意识中把困难无限放大。

畏难情绪人人都有，只是程度不同，而孩子则非常容易产生这种情绪。斯科特·派克在《少有人走的路》中解释，这是因为随着孩子长大，他们的意识逐渐发展、清晰。他们会惊讶地发现，困难的事情太多了，他们不相信自己有能力做到，于是就会有意识地选择逃避。确实，对于小小的孩子来说，一次又一次的挫败，会让他们很受打击。

除此之外，有些父母溺爱孩子，或者过度保护孩子，使孩子缺乏实践能力。久而久之，孩子遇到事情就会觉得自己做不到，转而求助父母。还有些孩子接受的教育是父母的“打压式教育”，他们听父母说自己这也不行，那也不好，渐渐地就信以为真，遇到困难就开始胆怯，产生畏难情绪。

但孩子不能一直受畏难情绪影响，一直对自己、对周围的人说“我不行”，这是一种自我否定。长此以往，孩子会变得越来越消极。

孩子有“畏难情绪”，本质上还是因为害怕失败，他会自我催眠：“只要我不去做，就不会失败、难堪。”于是在遇到稍微超出能力范畴的事情时，孩子就喜欢主动放弃。

给父母的建议

孩子害怕困难很正常，父母无须硬逼着孩子压抑、克服这种恐惧，这只会加剧孩子的畏难情绪。父母可以先引导孩子接受畏难情绪，然后引导他直面困难，战胜恐惧。

1. 疏导孩子的情绪

父母觉得孩子做的事情很简单，无须感到害怕，但父母的想法不能代替孩子的体验和感受。父母不妨理解、接纳孩子的情绪。比如，孩子觉得一道题很难，父母就可以说："这道题确实有点难，不要着急，我们一起看。"然后，父母可以点拨孩子一两次，或者给他讲一遍解题思路，抑或和他一起分析，让孩子明白其实没有那么难。

如果孩子十分抗拒，不肯继续写作业了，父母也可以哄孩子去做一些其他的事情或者休息一下。这样做可以让孩子转移注意力，把情绪舒缓下来。等孩子平静下来后，父母就可以带着他解决难题了。

2. 告诉孩子"你可以做到"

当孩子出现畏难情绪时，父母可以告诉孩子："你是可以做到的。"然后引导他想象做到之后的情景。比如，"你一定可以做到，做到之后你就能够……"美好的未来会压倒恐惧，孩子会更加积极地面对困难。

另外，当孩子畏难情绪十分明显的时候，父母可以说："我知道你是可以做到的，只是现在你有点着急，你要相信自己。"这样，孩子慢慢就能自信起来。

4. 培养胜任感，做到让孩子愿意坚持

场景回放

林乐在背古诗，背了一会儿没有记住，便烦躁地把书扔到一边。妈妈拿起书看了看，说："你记忆力很好，不要着急，多背几次一定能记住。"林乐："我之前背了好几遍了都没记住。"妈妈："可能是方法错了，我们先理解这首诗的意思……"林乐听得很认真，又读了两遍，果然背了下来。

场景分析

有的孩子经常一件事做到一半就觉得"我不行""我不可能完成"……因为缺乏胜任感，自以为做不到，就会自觉或不自觉地选择放弃。

胜任感，也叫作自我价值感，即人们在各项活动中，通过表现出成功的行为和能力而获得的一种积极的自我价值感体验。孩子能够坚持做好一件事，主要依靠外在的刺激和内在的动力。外在的刺激有奖励、惩罚等，而内在的动力则离不开胜任感。

我曾在某杂志上看过这样一则故事：有一位从来没有上过学的农民父亲，却培养出了一个考上清华的儿子和一个考上北大的女儿。当人们询问他教育孩子的秘诀时，这位父亲的回答却十分出人意料："我没什么文化，其实也没有绝招，我就是让孩子教我。"

原来，每天孩子放学回家后，这位父亲就会让孩子把学校老师讲的内容给自己也讲一遍。孩子在写作业，父母就在一旁读孩子的课本，有不懂的地方，父母就会去问孩子，如果孩子也不懂，父母就让孩子第二天上学找老师解惑，然后再教自己。就这样，孩子一边在学校学习，一边回家给父亲当小老师，学习劲头十足，成绩也越来越好，直到考上理想中的大学……

孩子有胜任感，相信自己有能力做到，自己的每一点努力都有价值，就会对当下所做的事情越来越感兴趣，越来越有积极性。并且，为了巩固“我能行”的认知，孩子会不断激励自己努力，取得进步，不断超越自我。这样的孩子总是满怀自信和动力，即使遭遇挫折和挑战，也会调整心态，然后想尽办法去克服，而不是认定自己做不到，然后裹足不前。

给父母的建议

心理学家罗伯特·怀特认为，胜任感是人类的基本需求。孩子生来就渴望胜任感。父母不妨多多创造机会，培养孩子的胜任感，让他在困难面前也能坚持下来。

1．告诉孩子“你能行”

父母可以对孩子施加心理暗示，用各种方式告诉孩子“你能行”。久而久之，孩子内心就会真的相信自己是有能力做到的。

父母可以用孩子过往的行为论证，让孩子相信自己是有能力做到的。比如，孩子数学不好，父母就可以说：“之前算数，爸爸妈妈还没有算出来，你就算出来了。你有这个天赋，只是还需要努力。”父母也可以说：“爸爸妈妈相信你可以做到，你从小就……”

父母和孩子沟通时，需多从正面角度来说，且语言精练而明确，让孩子更容易理解。比如，父母可以把“你不是没有能力”换成“你可以的。”

此外，父母还可以通过肢体语言来对孩子进行暗示，比如，肯定、鼓励的眼神，赞赏的微笑，轻拍孩子的肩膀等。有时候，相比语言暗示，父母的肢体语言更能让孩子相信“我能行”。

2. 让孩子体验成功

父母可以让孩子体验成功的感受，多多积累胜任感。比如，鼓励孩子解决一些小问题。父母可以事先告诉孩子：“爸爸妈妈知道你一定能做到，先去尝试一下。”然后，父母无须过度关注、打扰孩子的行动。如果孩子求助，父母可以适当地提供一点帮助。

等孩子成功后，父母可以肯定孩子的努力。比如，“你做得真好，那一步你是怎么想到的……”“你刚刚好努力，我看到你先……然后……真的好棒啊！”父母和孩子一起梳理每一个细微的努力，诚恳地表扬孩子的每一个进步，有利于孩子充分获得胜任感。

如果孩子有成果，比如画好的画，做好的手工，父母要仔细欣赏，不要随意地评论、丢弃。父母可以经常和孩子回顾这次经历，鼓励孩子。

孩子能力提升后，父母就可以让孩子做一些有意义、有难度的事情，或者孩子很喜欢的事情。这都可以让孩子充满动力，获得成就感和胜任感。

3. 告诉孩子“你快成功了”

不一定非要取得好的结果才能培养出胜任感，父母可以引导孩子看到自己离成功很近，并且可以通过自己的努力不断拉近与成功的距离。父母可以指出是具体的哪一个行为让孩子接近成功，并称赞孩子的该行为，让他明白怎样做才能成功，而不是因为失败而陷入迷茫和挫败之中。

5. 不苛求，打消孩子坚持的顾虑

场景回放

陶乐期末考试考了第六名，倒退了五名。妈妈知道后又生气又失望，便狠狠地批评了陶乐。陶乐垂头丧气地回到卧室，他觉得自己真没用。他不知道自己能不能达到妈妈的要求，一想到学习、考试就感到紧张，陶乐觉得自己学不下去了。

场景分析

很多父母都希望把孩子培养成出类拔萃的人，于是对孩子高标准、严要求。在学校成绩要名列前茅，是班里的“佼佼者”，课外上各种兴趣班，必须考级、拿奖……在父母眼里，孩子只能是全能选手，一旦有一点不能满足自己的期待，就会失望。

尤其是有些父母发现孩子和自己的期望相差甚远，会忍不住质问：“你怎么能这么差，到底有没有努力？”孩子听到这样的话，也许表面上他们还会遵从父母的要求，但内心的抗拒和不满却会越积越多。孩子会感到十分焦虑，会怀疑自身的能力，失去继续坚持下去的信心。

那么，如果孩子能达到父母的要求，是不是父母就满意了呢？有些父母的要求可能会越来越高。比如，最好一直保持第一名。这会给孩子带来极大的压力，就算他有过很多成功经验，一直很优秀，也会非常在意甚至是害怕“失败”这件事。孩子会把失败的后果无限放大，并有意无意地回避可能会让自己失败的事情，直到自己再无力坚持。“无论我怎么努力，我的父母都不会满意”，有调查显示，这是引发青少年抑郁的一个重要原因。父母永远在后面鞭策，永远嫌弃孩子太慢，孩子怎么会有坚持下去的动力？

养育孩子并不仅仅是为了让孩子保持优秀。太功利的目标，不仅会让自己陷入焦虑，也会给孩子带来许多负面影响。父母不妨把心态放平，相信孩子，少提一些苛刻的要求。孩子只有卸下包袱，才能轻松上阵，坚持也会变得更容易。

给父母的建议

对孩子期望过高的心态，一时之间是很难转变的。父母不妨参考以下几点，努力做到不苛求，打消孩子的顾虑，让孩子能够坚持下去。

1. 从多种角度评价孩子

很多父母都习惯用学习成绩来评价孩子，以致孩子长期处于精神紧绷的状态，不利于孩子提高成绩，保持身心健康。父母不妨从多种角度评价孩子，而不单单是学习成绩。父母可以让孩子与自己做比较，增强他的自信心。父母还可以从孩子做家务等各个方面来鼓励孩子多方面发展。

2. 体谅孩子的错误

孩子犯错后，通常会感到后悔、愧疚，甚至恐惧。这时，父母可以表现得平静一些，问清孩子出现过失的原因，缓解孩子的情绪。父母可以说："没有关系 / 不用担心，接下来多注意 / 接下来要努力一些。"

3. 引导孩子客观地看待结果

孩子保持一定的好胜心是好的，但如果只看重结果，凡事都要争第一，就容易失去平常心。父母可以引导孩子客观地看待最后的结果，让他更加从容地看待自己。父母可以告诉孩子："爸爸妈妈当然希望你能考 100 分 / 获得第一名，但爸爸妈妈不希望你成为一个只会考试的机器。"

4. 给予保证

父母可以明确告诉孩子，即使他不能做到某件事，在爸爸妈妈的心目中，他也依然是一个好孩子，爸爸妈妈还是会很爱他。

这样，孩子就不会为了获得父母的认同和喜爱，而强迫自己去做到。父母可以不断地告诉孩子："即使现在不能……以后也一定能……"或者"即使做不到，你以后也会变成一个优秀的人 / 你以后也会过得很幸福……"父母需要增强孩子的自信心，让他将目光从成绩、结果上转移开，调整心态，更加积极地努力。

6. 体验小成功，让孩子获得源源不断的成就感

场景回放

小沫数学考试经常不及格，十分讨厌学习数学。有一次，爸爸带小沫去买菜。

场景分析

有些孩子总是不够自信，做什么事情都觉得自己不行，进而选择放弃。这其实是因为孩子缺乏成功的体验和成就感，没有支撑自己坚持下去的动力和底气。比如，在孩子两三岁的时候，行动比较慢。有些父母见此就会替孩子着急，然后帮孩子迅速地做好一切。父母可能还会一边做一边唠叨：“要快一点，不然来不及……”这样做，孩子通常都会很不高兴，因为他

会想“为什么爸爸妈妈要来帮我？是我做得不好吗？”很多父母都在不经意间剥夺了孩子体验成功的机会，让孩子长期处于成就感匮乏的状态。

苏联教育家苏霍姆林斯基说过：“成功的欢乐是一种巨大的情绪力量，可以促进孩子好好学习的愿望。”没怎么体验过成功的孩子大多都会产生自卑情绪，将自己置于一个被动的位置上。与之相反，成功的体验可以使孩子更加自信，而自信可以进一步激发潜能，令孩子有勇气面对挫折与困难。

成功的体验会让孩子对自己产生一种全新的认识，“原来我是有能力做到的”。这种认知会激励孩子不断学习、探索，使他不断获得成功带来的喜悦和自信。并且，这种成功的感觉会在孩子的大脑中形成记忆，使他在下一次更容易做到，形成良性循环。父母不妨引导孩子做一些简单的、不容易失败的小事，让他可以从一个个小小的成功中，不断地获得成就感。

给父母的建议

对孩子而言，每一次小小的成功都意义非凡，鼓励着孩子坚持下去。父母不妨创造机会，让孩子多多体验成功，让孩子不断地获得成就感。

1. 和孩子比赛

父母可以和孩子发起一些小比赛，然后不露声色地让孩子获得胜利。比如，父母可以对孩子说：“我们来比赛洗衣服 / 叠被子 / 收拾玩具 / 扫地 / 扣扣子，看谁做得又快又好。”如果孩子不会做，父母需要把一件事拆分成几个小步骤做给孩子看，一遍又一遍地重复，直到孩子学会为止。

父母还可以带孩子去户外体验一些运动项目，比如和孩子比赛跑步、打羽毛球、滑滑板等。

当孩子比赛胜利后，父母可以夸奖孩子并给他颁发奖状。在孩子眼中，奖状是一个很神圣的东西，特别是对不自信的孩子而言，奖状是一个可望而不可及的荣耀。获得奖状，可以使孩子大受激励。

孩子即使做得不够好，父母也无须在意，父母的首要任务就是让孩子体验成功的感觉。之后，孩子的积极性自然就会提高，越做越好。

2. 给孩子布置小任务

父母可以给孩子布置一些简单的小任务，请孩子独立完成。

如果孩子的能力比较强，在完成简单的任务后，孩子就不会获得成就感。所以，父母还可以让孩子做些有一定难度的任务，这样既可以消除孩子可能存在的自负心理，还能使他体验到成功的快乐。

3. 赞赏孩子的成功

孩子缺乏自我评价能力，大多需要通过父母的态度来评价自己。父母的一个表扬、一个拥抱、点头、微笑，都可以使孩子获得成功的体验。所以，父母不妨仔细观察孩子哪些事情做得不错，经常口头赞赏孩子，或者使用简单的肢体动作也能使孩子提高自信。

哪怕孩子没有成功，父母也可以针对孩子做得比较好的地方进行夸奖。比如，孩子的作业，父母可以挑出一两个写得不错的地方，赞赏孩子“这个步骤你是怎么想到的，跟大家想的都不一样，真不错！”这样，孩子就会获得正向激励，有意识地锻炼某一方面的能力。

7. 和孩子一起寻找坚持的方法

场景回放

小布无论做什么，都不能坚持下去。跑步跑到一半就喊累；小提琴课上了两节就觉得没意思；学轮滑摔了两次就再也不碰轮滑鞋了……小布对什么都感兴趣，但只要接触一段时间就想放弃。

场景分析

孩子做事总喜欢放弃，而大多数的父母看到孩子抗拒的表情，本持着“尊重孩子的想法”，最终都狠不下心逼孩子去坚持。虽然父母的出发点是好的，但就长远发展来看，会对孩子造成不良的影响。

孩子选择了放弃，缺乏体验，在面对困境和挑战时，就很容易裹足不前，限制自我的发展。习惯放弃的孩子，总是纵容自己，他们的自我管控能力会变得越来越糟糕。爱放弃的孩子，抗挫能力也会变得很差。因为只要审视自我，他们就会发现自己一事无成，而身边的一些孩子却做到了自己没有做到的事情。接着，孩子会怀疑自己的能力，慢慢地，自卑和畏难的情绪越积越多。

很多父母都喜欢说“不能让孩子输在起跑线上”，但无论父母为孩子提供再多的支持，孩子再怎么聪明，如果他自己做不到坚持，未来的道路也难以走得长远。就如同龟兔赛跑，兔子在一开始遥遥领先，中途却选择了休息。而乌龟虽然跑得慢，但却坚持不懈，在后期赶超了兔子。父母不妨教会孩子学会坚持，教会孩子如何在遭遇挫折时不气馁，如何为了实现目标而不懈努力。

有一句话是这样说的："成功路上并不拥挤，因为坚持的人不多。"但坚持下去需要战胜自己的惰性和软弱，并不是一件容易的事。

当孩子找不到坚持下去的理由时，父母可以及时鼓励孩子坚持下去，让孩子每一天都做得比前一天更好。当孩子看到自己的进步后，他就会明白坚持的意义，不再轻言放弃。

给父母的建议

懂得坚持是孩子必须要养成的习惯，这比成功更加重要。但坚持并不是一件简单的事情，该如何鼓励孩子，并让孩子心甘情愿地坚持，父母可以参考以下方法。

1. 陪孩子一起坚持

对于年龄较小的孩子来说，只要父母陪在身边，孩子就会充满信心和动力。因此，当孩子在做一些对他们来说难以坚持下来的事情时，父母可以陪在孩子身边，给孩子一些鼓励，帮助他克服退缩的情绪。

比如，孩子学了几天钢琴，想要放弃的时候，父母可以请孩子做自己的"小老师"，并假装自己是一个笨拙的学生，让孩子知道爸爸妈妈也不擅长这件事，也会因此而狼狈。这样，孩子就会接受自己做得不够好，减少负面情绪。同时，孩子在帮助父母时，会油然生出一种责任感，提高他做事的积极性。

再比如，父母可以告诉孩子需要坚持的时间，需要再做些什么，就可以改变现状，变得更好。父母还可以通过观察、询问等方式，来寻找孩子坚持不下去的原因，并给予孩子一些帮助和支持，引导孩子度过这段比较艰难的时期。

很多时候，只要孩子跨越了障碍，就会渐渐愿意坚持下去。即使孩子最后放弃了，短暂的坚持也会让他受益匪浅。

2. 尊重孩子每一项坚持

当孩子坚持做某件事时，父母不妨肯定孩子的努力。

比如，孩子坚持踢足球，但父母想要他把精力放在学习上。父母可以在尊重孩子的坚持的前提下，引导孩子去平衡兴趣与学习。父母可以引导孩子设立一个短期的学习目标和计划以及长期的坚持踢球的计划。要让孩子明白，想做的事情和必须要做的事情，须达到平衡。

笔记栏

第八章

引导消费，教孩子正确使用金钱

1. 理性的消费观，要从小培养

场景回放

蓓蓓花钱总是大手大脚，开学不到三天，就把零花钱花了个精光。铅笔、橡皮买了许多，把文具盒塞得满满的。蓓蓓在全新的橡皮上画画，然后用尺子把橡皮切成多块。没事就削削铅笔，让铅笔快点变短，这样蓓蓓就可以问爸爸妈妈要零花钱买新的了。

场景分析

英国哲学家培根有一句名言："金钱虽然是个好仆人，有时候也会摇身一变，变成坏主人。"很多孩子对金钱缺乏正确的概念，而有些父母又源源不断地提供零花钱，于是就形成了错误的消费观。

很多父母觉得孩子这么小，多花一点钱就能哄他开心没什么大不了的。但是，这却让冲动消费、超前消费、从众消费等错误的消费观念在孩子幼小的心里生根发芽。比如：8 岁孩子为打赏女主播，透支爸爸信用卡 8.8 万元；两个月内，孩子将家中的 16 万元存款全部打赏了出去；为了游戏充值，爸爸的支付账户一夜之间没了 1.6 万元……这类新闻屡见不鲜，小小的孩子，只要知道了家里的支付密码，就可以将父母辛苦工作许久的积蓄挥霍一空。

有的孩子会通过网络贷款来满足一时的虚荣心，而网贷的巨额利息足以毁掉孩子的一生。每年都有无数孩子因无力偿还借款而受胁迫，或者走上违法犯罪的道路，把自己和家人推入深渊。

有老师长期潜伏校园贷聊天群，经过大量调查后发现："通常人们会认为卷入校园贷的学生要不家庭经济状况较差，要不学习成绩不太好，实际情况并不是这样。学生借校园贷的确与学习和家境有关，但主要还是由他们的消费观、金钱观与法律意识淡薄导致的。"

没有建立理性而健康的消费观，孩子很可能通过消费来获取快乐。但这个世界上很多美好的东西是钱买不来的，比如温暖的阳光，清新的空气，健康的体魄……父母需要让孩子明白，没有必要挥霍金钱去换取快乐，只要孩子内心幸福，愿意认真生活，获得快乐其实并不难。

给父母的建议

一位名人说："金钱教育是人生的必修课，是儿童教育的重心，就如同金钱是家庭的重心一样。"父母不妨让孩子正确认识金钱，引导孩子建立理性的消费观。

1. 告诉孩子金钱的来源

父母可以告诉孩子金钱的来源，让孩子知道父母挣钱很辛苦，引导他明白理性消费的道理。

父母不能只是简单说说，需要尽量让孩子理解。父母可以在孩子不愿意早起的时候，或缠着父母不让父母去上班的时候，说："爸爸妈妈不去上班的话，就不能工作，不能工作就创造不了价值，这样爸爸妈妈就会失去工作，就会没有钱。没钱了就不能给宝宝买好吃的和玩具了。"

这样，孩子就能明白只有上班工作才能换来钱，而不是钱能凭空出现。

父母还可以带孩子出门看一看，成年人是怎样用劳动赚钱的，怎么制造产品或出售产品的，以及产品销售出去后，钱又是如何分配的。这可以帮助孩子更好地认识、理解金钱与消费。

2. 给孩子自由消费的机会

有的父母会教孩子买性价比高、合理的物品，阻止孩子用零花钱去买他喜欢的东西。这既满足不了孩子的需求，又让孩子失去了实践与学习的机会。

父母可以给孩子零花钱，让他独自进行一些小额消费，比如，购买零食、文具、书等。如果钱花光了，孩子还有想要的东西，父母则不能继续给他钱，要让孩子学会对自己的行为负责。

进行小成本试错，可以让孩子清楚地知道怎么花钱才是正确的。此时，父母可以借机跟孩子梳理一遍消费的过程，引导孩子发现怎样买东西更合适。

3. 教孩子制订消费计划

父母想让孩子控制消费的冲动，最好的办法就是教孩子制订消费计划，让孩子严格按照计划来消费。

父母可以先让孩子统计一周可以花多少钱，以此来决定如何消费。比如，多少钱用来买零食，多少钱用来买玩具，小伙伴过生日要花多少钱来买礼物等。哪些钱是不能动的，哪些钱是可以灵活使用的。

父母可以提醒孩子随时查看计划，如果有其他需要或者变化，可以及时调整灵活使用的那一部分钱。比如零食消费超支，孩子就需要考虑减少娱乐消费，以此控制总的消费金额。这是执行消费计划的时候最困难的地方，父母应多给予孩子一些鼓励。

父母还可以让孩子将一周的消费记在账本上，总结归纳，调整下一次的消费计划。

2. 给孩子零花钱的正确方式

场景回放

场景分析

《少年派》中有一句台词："小孩也需要钱压兜，身板才能直起来。"父母给孩子零花钱，孩子才能在和小伙伴成群结队地买零食的时候不露怯。

其实，父母从小给孩子零花钱，孩子才能慢慢学会如何合理支配金钱。很多父母明白这个道理，都会给孩子零花钱。但零花钱不是给了就好，如果父母给钱的方式不对，同样也会给孩子带来不良影响。

有些父母把零花钱当作奖励和报酬，只要孩子成绩好或者做了家务，就会得到零花钱。这可以短期激励孩子表现得更好，但同时也会降低孩子的责任感。父母无形间给"努力学习""做家务"这些事情标上了价格，孩子会觉得学习和家务活不是自己的事情，只是可以获得零花钱的任务而已。如果，某一天孩子觉得自己不想要零花钱，他就很有可能不再做家务，不再好好学习。并且，受到奖励的影响，孩子很有可能会变得目光短浅，无利不起早。

有些父母利用零花钱来惩罚孩子。只要孩子犯错、成绩倒退、不听话，就会扣除或者取消孩子的零花钱。如此，孩子很有可能对零花钱产生消极印象，对父母产生逆反心理。

有些父母给孩子的零花钱非常多，甚至是无限额的。孩子的零花钱太多了，导致他们会去随心所欲地消费。与之相反的就是，父母把零花钱与基本的生活费画上等号。孩子付了吃饭、坐车、买必需品的钱后，几乎什么也没剩下，甚至入不敷出。还有些父母不给孩子零花钱，孩子想要什么，需要告诉父母，由父母来购买。这样的做法，从表面上来看是给孩子无限额的零花钱，但很有可能导致孩子无法建立对金钱最基本的认知。

给父母的建议

那么，父母给孩子零花钱的正确方式，究竟应该是什么样子的？

1．数额适量

父母在给孩子零花钱时，需要综合考虑到家庭的经济水平、孩子的购物需求等因素，来决定给孩子多少零花钱。父母可以和孩子商量，在征得孩子的同意后，就把零花钱交给孩子。如果孩子把零花钱提前花光了，父母可以认同孩子买不了想要的东西的感受。但是，此时父母最好不要再次给孩子零花钱。因为，一旦父母给孩子增加零花钱，孩子就无法从中学到如何管理、使用零花钱了。另外，如果孩子有特殊情况，父母可以根据具体情况来决定是否多给孩子一点零花钱。

2．时间正确

孩子在 3 岁左右就可以学习认识纸币，父母可以借教孩子认识纸币的时机，激发他对金钱的兴趣。在孩子认识一百以内的数字并可以进行简单的加减法时，父母不妨尝试给孩子一点零用钱。

比如，当孩子看到超市里的东西就想买时，父母就可以给他零花钱，教孩子如何花钱，引导孩子更好地认识钱与物的关系。

3．频率适当

年龄越小的孩子，越缺乏自控力和执行计划的能力，因此，父母给孩子零用钱的频率就比较重要。比如，10 岁以下的孩子，父母可以每天或者每周给孩子一次零花钱。而超过 10 岁，父母可以每半个月，或一个月给孩子一次零花钱，直到延长至每个学期给孩子一次。在零花钱总额不变的情况下，父母可以根据孩子的情况适度地调整给孩子零花钱的频率。

另外，父母可以在固定的时间，选择固定的人来发放零花钱。比如，父母可以在每周的周一由爸爸发给孩子。此时发放，可以避免孩子在周末就迅速地把零用钱花光的情况发生。选择一个固定的人来发零用钱，可以避免重复发放，或者孩子冒领的情况发生。

3. 签订零花钱使用协议，防止孩子乱花钱

场景回放

小芸指着一个玩具对妈妈说：“妈妈，我想要这个。”

妈妈：“这个玩具要 300 元，太贵了。”

小芸：“我有零花钱。”

妈妈：“有零花钱也不能乱花。”

小芸：“我的钱，我自己说了算。”

妈妈：“那你之前计划好的东西，都不买了？”

小芸：“不买了，我现在就想要这个。”

场景分析

很多孩子都觉得，零花钱既然归自己保管，自然应该自己想怎么花就怎么花。但是，大多数的孩子根本不懂如何管理零花钱，缺乏理财意识。他们往往看到什么就买什么，随随便便就把零花钱花光了。

长此以往，孩子长大后很有可能因面对想要的物品缺乏自制力，对自己的薪水也缺乏规划，以致成为“月光族”，甚至背上债务。父母需要引导孩子学会合理规划零花钱，知道什么东西可以买，什么时候需要节省。只有这样，孩子才能量入为出，做到收支平衡。

孩子的零花钱并不是他自己赚来的，自然不会珍惜。孩子拿到钱只会去买自己想要的东西，满足自己的欲望，而不会去想这个东西是否有必要且划算。面对这种情况，有些父母觉得自己没有立场，干涉孩子如何使用零花钱。甚至，有些父母还会在孩子花光零花钱后，再补贴给孩子，或者帮他把想要的东西买下来。不加节制消费的后果，就是孩子更加盲目地消费。毕竟，孩子从来没有缺过钱，没有体会过胡乱花钱透支后的日子有多难，自然也不会去思考如何合理使用零花钱了。

还有一些父母经常购买昂贵但用处不大的商品，来满足自己的虚荣心。如此，孩子也会耳濡目染。比如，妈妈每隔几个月就攒钱买名牌包。那么，孩子也不会觉得自己把零花钱攒起来，买昂贵的玩具有什么不对。父母大手大脚的消费，会让孩子认为自己的家庭条件不错。于是，父母想要教导孩子合理使用零花钱时，就很有可能让孩子感到不公平，觉得父母是刻意不给自己零花钱。

要防止孩子乱花零用钱，只凭讲道理是很难实现的。因此，父母不妨在给孩子零花钱之前，和孩子签订零花钱使用协议，禁止孩子乱花钱。

给父母的建议

那么，父母在与孩子签订零花钱使用协议时，具体需要做些什么呢？

1. 商讨协议内容

父母在拟零花钱使用协议前，可以与孩子商讨协议内容，并征得孩子的同意。父母可以根据孩子的实际情况，给孩子一些建议。比如，把零花钱分成三份，一份存到存钱罐里；一份买自己喜欢的物品，比如玩具、漫画、衣服、鞋子等；一份用于日常花销，比如和小伙伴们一起买零食、文具。

至于存钱罐中的钱，父母可以引导孩子使用这一部分的钱来进行大额消费。比如，看电影、去游乐园、捐款等。父母可以与孩子达成约定，如果孩子能够坚持存钱，父母可以给孩子多发放一笔零花钱。如果孩子花超了零花钱，没能达到储蓄目标，父母则可以取消额外的零花钱。

父母与孩子商量好后，需要把每一条约定都清楚地写在纸上，一式两份，请孩子签字或者按上红手印。

2. 每天携带固定的钱

年龄较小的孩子缺乏自控力，很可能一时之间把签过的协议抛到脑后。因此，父母可以和孩子商量，每次出门只能携带一定数量的钱。父母可以这样对孩子说："爸爸妈妈知道你愿意遵守协议，但是全部带在身上，一旦弄丢了，这一周 / 一个月你就没有零花钱了。所以，我们每天都只拿一点钱，好不好？"

具体需要携带多少零花钱，父母可以结合实际情况，以及和孩子商量的结果来作决定。

4. 什么都想买？教孩子学会取舍

场景回放

路南非常喜欢新上市的机器人模型，要妈妈把最漂亮的三个都买给自己。妈妈盯着这三个模型，除了颜色不一样，其他地方毫无差别，说："只能买一个，挑一个你最喜欢的。"路南眼巴巴地看着模型，心想：这三个我都好喜欢，选哪个好呢？

场景分析

很多孩子一进超市，就开始这个也想要，那个也想要。如果父母这一次满足孩子的请求，下一次孩子就会要父母给自己买更多的东西。如果父母拒绝孩子的请求，孩子就会表现得十分不理解。通常，孩子会通过哭闹、撒娇等方式来达成他们的目的。父母与其放任孩子毫无节制地购买，任由事态发展到难以收场的地步，不如从一开始就教孩子学会取舍，让孩子明白即使是喜欢的东西也要有所取舍。

其实，年纪较小的孩子对金钱缺乏正确的认知，脑中也没有“购买”的概念。孩子可能根本不知道拿走喜欢的东西时，需要支付相应的金钱。看到喜欢的东西想要据为己有，是人的一种本能的欲望。父母可以理智思考，控制住自己的欲望，但孩子却缺乏控制自己欲望的能力，且习惯以自我为中心。那么多好看的、好吃的、好玩的东西，对孩子来说具有非常强烈的吸引力。孩子看得眼花缭乱，难以思考并做出选择，于是便会想一口气把所有看中的东西都拿走。

还有一种情况是，孩子虽然嘴上说着“全都要”，但其实他只是感到好奇。孩子的注意力很容易转移，也许过了一会儿就会把那些商品抛到脑后了。但是，有些父母却把“无条件的爱”与“无条件的满足”画上等号。孩子想要什么，父母都会满足。久而久之，孩子就会变得贪得无厌。

教孩子取舍时，父母的语言不能过于生硬和直接，可以教孩子如何选择，让孩子学着思考优劣。也可以事先和孩子商量好，一些比较贵重的东西，可以等比较重要和有意义的节日满足他，比如生日、春节等。这样既降低了给孩子购买昂贵礼物的频率，也给生活增添了仪式感。

合理地满足孩子的需求，不仅能让孩子学会取舍，也能让孩子懂得珍惜和爱护物品。

给父母的建议

那么，父母具体该如何做，才能让孩子更愿意接受“喜欢的东西只买一件”，并愿意养成适度购物的习惯呢？

1. 列购物清单

很多孩子看到感兴趣的商品就想买下来，但很多东西买回家后根本用不到，会造成浪费。因此，父母可以在购物前，引导孩子做好购物清单。父母可以询问孩子，把孩子喜欢的东西列出来，比如某些零食、玩具、衣服等。父母把这些记在纸上，告诉孩子一种品类只能买一种。

列好购物清单后，如果孩子临时改变主意，那么父母可以告诉孩子，只能购买一种产品，如果选择了这个，就不能购买其他的东西了。慢慢地，孩子就会懂得克制与取舍的道理了。

2. 设置购物额度

如果是年龄较大的孩子，父母可以给孩子设置购物额度，要求孩子一次只能花费一定数量的钱。比如我家老大今年上七年级了，我就会给她设置一个购物额度，同时告诉她，购物额度能够累积。比如，这次出门没有花完的钱，就可以累积到下一次出门。如果孩子想要买一件超出 100 元的商品，孩子就可以选择忍耐，攒够钱再买。

当孩子克制不住情绪的时候，父母要及时提醒孩子。如果孩子发脾气，父母可以给孩子一点发泄的时间，告诉孩子：“爸爸妈妈知道你很想要……这个确实很好，但是我们约定了一次只能花 × 元钱，不能违反约定。”

5. 教孩子认识价格，学会货比三家

场景回放

小悦：“妈妈，我今天买了个发夹。”

妈妈：“真好看，花了多少钱？”

小悦：“35 元。”

妈妈：“真是不便宜啊。”

小悦：“对，新新买了个差不多的，就花了 20 元钱。”

妈妈：“差这么多。”

小悦：“她买的那一家店好远，我懒得去，反正就差 15 元。”

场景分析

有很多孩子买东西是不看标价的，在他们眼中 10 元钱和 100 元钱的差别只有一个零。因此，买一件完全一样的东西，花 10 元钱还是花 100 元钱，孩子是没太大感觉的。久而久之，孩子就会养成大手大脚的消费习惯。

某社区曾开展过一个名为“开学季我的文具我做主”的主题活动。社区通过多媒体技术，将精挑细选出的 22 种常用文具放置在一个虚拟超市中。参与活动的孩子需要在 10 分钟内，选购其中的 8 件文具，且其中必须包含铅笔、橡皮和尺子这三种物品，其总价格不得超过 50 元。

这个活动旨在加强孩子对物价的关注，让孩子学会精打细算、合理消

费。但现实中，有的父母其实并不注重这一点，给孩子买东西，几乎没有预算，大手一挥就是“你喜欢就买”。父母这种无条件的满足，让孩子对价格的概念越来越模糊，看什么价位的商品都不觉得贵。于是，孩子就会花大价钱入手一些自己觉得不错，但实际上性价比很低的商品。并且，在父母不加以重视的情况下，孩子也不会意识到自己的错误。甚至，有些孩子还会“自我催眠”，觉得贵的就是好的，专门挑选标价更高的商品购买。

因此，父母很有必要教孩子认识价格，让孩子知道什么是贵的，什么是便宜的。孩子若学会了货比三家、精打细算，自然就会更积极地约束自己，消费也会变得更加理智。

给父母的建议

父母想要教孩子认识价格，最好的办法就是多带孩子出门购物，让孩子去实践货比三家，养成关注性价比的消费习惯。

1. 带孩子体验货比三家

父母可以带孩子体验货比三家究竟是怎样的。这可以让孩子更加直观地理解，什么样的价位，可以买到什么样的商品。父母可以带孩子多逛一逛定位、类型相似的店铺，比如挑选一种孩子喜欢的商品，引导孩子去其他店铺寻找相同或者相似的产品，比较一下它们的外观、质量、价格等，然后综合挑选出性价比最高的商品。

孩子在挑选商品时，大多只是看着喜欢就买了，并没有仔细考量。而货比三家的优势就在于，可以在资金有限的情况下，提高金钱的利用率。

因此，父母可以在体验活动之后，告诉孩子："买东西确实要看喜不喜欢，但如果同类商品有很多，能够以更便宜的价格买到，那不是很好吗？"或者"仔细挑一挑，要是能以同样的价格买到更好的产品，那就是我们赚了。"

2. 允许孩子"亏钱"

带孩子体验几次货比三家后，父母就可以让孩子自己单独行动了。在此期间，父母只需要告诉孩子消费的方法和需要注意的事项即可。父母最好不要因担心孩子在消费中吃亏，而提醒和干涉孩子。父母可以让孩子自己拿主意，独立完成购物的全部过程。

比如，在街边小摊，有一个孩子以 3 元的价格买到了一个小玩具。妈妈等到孩子买完后，打开购物软件搜索，让孩子看到一模一样的小玩具，在网上 3 元可以买到 4 个。孩子一看，直接跟妈妈说："下次，我们在网上买吧。"妈妈说："为什么？"孩子说："网购，更便宜，玩具的种类也会更多一些。"

3. 让孩子感受货比三家的好处

如果孩子在货比三家后，用更便宜的价格买到商品。父母可以把节省下来的钱，用来给孩子购买他喜欢的东西。这样做，不仅可以让孩子感受到货比三家给他带来的切实好处，也对孩子的消费行为进行了正面强化。

比如，爸爸原计划拿出 300 元钱给孩子买乐高，孩子在几个汽车模型中挑选了半天，最后选择了售价为 278 元的一款。然后，孩子发现，剩下的钱还够自己买一本特别喜欢的漫画，很开心。

如此，孩子就会明白货比三家，寻找价格差的意义。他在消费时，就会认真规划、精打细算。

6. 帮孩子区分想要的和需要的

场景回放

看到文具盲盒，小滔兴奋地拉住妈妈："妈妈，给我买一个。"

妈妈："你都买了几十个了。"

小滔："可是里面好多都是一样的，这个系列有10款不一样的，我还差两个！"

妈妈："抽完剩下的2个，就不抽了？"

小滔："妈妈，它还有隐藏款呢！"

妈妈："那还得抽多少次？"

小滔想了想，怎么也得100多次，嘴上却说："再来几十次吧。"

场景分析

很多孩子购买商品，只是想要追求新奇、刺激，或者出于好奇、从众等各种不理性的消费心理。孩子盲目消费，投入了大量金钱，买到的却往往是没有相应价值，或者没有多大用处的商品。但由于孩子的消费观和金钱观还不够成熟，孩子大多很难意识到问题，逐渐养成不加节制地购买非必需品的习惯。

因此，父母不妨告诉孩子“需要”与“想要”的区别，让他养成满足“需要”，适度满足“想要”的消费习惯。所谓“需要”，就是关乎日常生活的必需品，没有这些东西人们的生活会受影响。而“想要”，则要低于“需要”，如果没有也不会对自己产生太大的影响。每个家庭的经济状况有差异，每个人的价值观也各不相同，对于“需要”和“想要”的理解与划分必然不尽相同。而父母需要把普适性强的概念告诉孩子，让孩子学会区分，并以此作为消费的依据。

对于年龄较小的孩子，“需要”可以被理解为：能够填饱肚子的食物，保暖蔽体的衣物，可以安睡的房屋，以防万一的存款等。至于“想要”可以被理解为：好玩的玩具，出门旅行，餐厅里美味的食物，名牌服装等。

妈妈给了安琪一笔钱和购物清单，并指定了消费场所，要她自己去购买秋季的服装。结果安琪用这笔钱，只买了一件短裙。到了深秋时节，安琪没有钱给自己购买更加保暖的衣物，只能穿不大合身的旧衣服。

父母需要让孩子明白，舍本逐末，不顾后果的消费行为是他难以承担的。“想要”虽然代表着美好而有趣的生活，但是大多数的人是无法一次性得到的。无论手上有多少钱，孩子都应该遵守一个原则：首先把钱用在“需要”上，如果有剩余，可用剩余的钱去买“想要”的东西。有些孩子为了给游戏充钱，而天天早饭啃面包省钱，这种做法是不可取的。

给父母的建议

父母需要教会孩子区分“需要”与“想要”，只有以此作为基础，孩子才能学会如何合理管理、消费金钱。

1. 让孩子做选择题

父母在给孩子讲清楚“需要”与“想要”的概念后，就可以结合日常购物清单，准备一些选择题，让孩子选择哪一个商品属于“想要”，哪一个商品属于“需要”。

比如，面包和薯片，哪个是需要，哪个是想要？孩子一般很快就能做出正确选择，面包是需要，薯片是想要。

如果孩子做不出选择，父母可以参照《反溺爱》的作者罗恩·利伯的方法，询问孩子以下两个问题，引导孩子思考。

第一个问题是“是不是一定要有这件东西，你才能活下去？它是生活必需品吗？”

第二个问题是“其他人也觉得这件东西是生活必需品吗？”对于这个问题，父母可以让孩子向别人提问。

如果两个问题的回答相同，那自然无须多说。但如果两个问题的答案不同，比如孩子觉得某物是“需要”，但父母却认为是“想要”。此时父母可以告诉孩子，自己这么选择的理由，并询问孩子的理由是什么。双方都需要按照对方的思路来仔细思考。

2. 给“想要”打个折

随着孩子长大，他们会开始顾及同龄人的看法和流行趋势，“需要”的定义会变得越来越个性化，与“想要”的界限也会变得模糊。比如，小伙伴都穿某些品牌的鞋子，这些鞋子确实价格略高，品质也相对较好。

面对这种情况，父母可以给孩子的“想要”打个折。比如说，孩子想要的鞋子要 499 元，而一双品质合格，或者价格适中的鞋子只需要 200 元。那么，父母就可以给孩子 200 元，而剩下的 299 元则由孩子自己用零花钱支付。再比如，孩子想要一辆配置高端的自行车，价格是 3000 元。如果父母觉得自行车可以买好一些的款式，配置不用特别高端，愿意给孩子出几百元也是可以的。

父母适度满足的金额需要参考家庭经济水平和实际情况等，不过，父母最好给孩子一个合理的理由，来解释这个数字是怎么制定出来的。

7. 学会储蓄，鼓励孩子养成存钱的好习惯

场景回放

梓宁：“妈妈，可以给我 100 元吗？莉莉过生日，我想给她买礼物。”

妈妈：“你的存钱罐里没有钱吗？”

梓宁：“我的零花钱都用来买……”

场景分析

孩子看到好吃的、好玩的、好看的东西，就忍不住掏出零花钱。有些孩子缺乏存钱的意识，没有储蓄的习惯，所以每当想要买东西时，就会发现手上没有钱，或者钱不够，只能赶紧向父母求助。这些孩子长大后很容易养成超前消费的习惯，在经济层面上的抗风险能力几近于无。因此，让孩子从小就学会储蓄，养成存钱的好习惯是十分必要的。

储蓄能够使金钱随着时间的增长慢慢积少成多。而这也代表着，不必要的支出在慢慢削减。存钱的过程也是省钱的过程，孩子习惯了存钱，就会懂得节俭与克制，不再把钱挥霍在不重要的事情上，而是尽量合理地使用金钱。比如，孩子每天要存一元钱，就需要少买一袋小零食。而一年之后，他存的三百多元，就可以用来购买心仪已久的商品了。

有些孩子明白存钱是一件好事情，但是却怎么也存不下钱。这是因为孩子的做法往往是，这周决定存 10 元钱，然后注意节省零花钱，让剩余尽量保持在 10 元。这种储蓄的逻辑是错误的，正确的储蓄应当是先把一定数量的钱存起来，然后将剩余的钱用于花销。毕竟孩子缺乏自控力，即使给自己立下了目标，一旦遇到心仪的商品，或者看到其他人都在消费，他就会蠢蠢欲动。因此，父母在教孩子储蓄时，还需教会孩子如何把钱存住。甚至，在孩子意志不坚定的时候，父母还需要承担起监督的责任。

有研究证明，储蓄的金额最好维持在收入的 10% ~ 50% 之间，具体储蓄多少还要看个体的实际情况。对于年龄较小的孩子而言，压岁钱与零花钱的 10% 就是一个不错的开始。这个数额既不会太多，使孩子不情愿，也不会太少，以致让孩子看到收获后，缺乏成就感。

给父母的建议

那么，父母在教孩子储蓄的过程中，都可以做些什么呢？

1. 储蓄的目标与计划

年龄较小的孩子往往缺乏存钱的自觉性和动力，因此，父母不妨引导孩子想一想存钱想要实现的愿望。父母可以根据孩子的愿望，帮助他制订储蓄目标并制作储蓄计划。比如，当孩子想要一个标价为 69 元的蛋糕时，父母就可以给孩子制订一个为期一周的蛋糕计划，父母可以每天给孩子 10 元，让孩子存起来。等到一周过去，孩子自然就会收获一个蛋糕，并体验到储蓄带来的成就感。

另外，如果孩子比较小，父母还需要帮孩子把大目标拆分成小目标。父母可以告诉孩子每天需要存多少钱，距离达到目标还差多少。

2. 存钱罐与银行

如果孩子年龄比较小，父母可以送给孩子一个外表可爱的存钱罐，让孩子把钱存储起来。父母可以握着孩子的手把钱投进罐子里，然后欢呼一下。等到存钱罐存满了，父母也可以给孩子买一个小礼物庆祝。孩子刚开始可能并不知道这样做就是存钱，但父母的反应会让他明白，把钱放进存钱罐和把存钱罐填满，是一件令人高兴的事情。等到孩子渐渐长大，明白了存钱的意义，也就养成了存钱的习惯。

之后，父母就可以带孩子到银行开通储蓄账户，让孩子将存钱罐中的钱存入银行，进行长期储蓄。孩子可能不理解银行的机制，父母可以简单地告诉孩子：“银行是一个超级大的存钱罐，把钱存进去就会‘生’出许多钱。”父母还可以给孩子讲一讲关于银行的知识，来拓宽孩子的知识面。

3．按功能储蓄

比如，《三个存钱罐》的作者闫志鹏教授提出要给孩子准备三个存钱罐，分别用于储蓄、日常花销和捐赠。

这种做法，可以让孩子更好地规划、使用零花钱。父母不妨参考这种方式，给孩子准备三个存钱罐，让孩子每天都存一点钱。

8．“妈妈，我也要买……”，如何应对孩子的攀比消费

场景回放

洛洛的小伙伴萌萌买了一个发卡，亮晶晶的，好看极了。

于是一回家，洛洛就要妈妈给自己买新发卡，要比萌萌那个发卡更大、更闪亮。

妈妈说：“你的发卡还少吗？为什么还要买？”

洛洛说：“我的发卡没有萌萌的好看，我想要她那样的。”

妈妈不同意，洛洛愤怒地大喊：“她有，我也要有，你为什么不给我买！”

场景分析

“我也想要……”“其他人都有……”每当看到其他孩子有什么好东西，我家老三也会闹着想要。

有些父母一面担心孩子会变得越来越虚荣，一面又害怕孩子闹脾气，害怕他因为缺了哪一件东西而被同学瞧不起。于是，父母只能尽量满足孩子的要求，看着他的攀比消费愈演愈烈。

还有些父母则会义正词严地告诉孩子：“不要比花钱，要比就比学习！”“你要好好学习，不能总想着炫耀。”然后拒绝孩子的要求。这样做虽然可以在一定程度上抑制孩子进行攀比消费，却也会让孩子对自己的行为和想法感到自责。

当幼稚单纯的孩子看到新奇的物品必然会被吸引，看到打扮得漂亮时尚的小朋友，就会忍不住靠近。而当孩子感受到大家热情的态度、羡慕的目光和耳边的惊叹声，就会收获到满满的成就感，谁不想被羡慕呢?

攀比的原因通常是孩子担心自己与其他孩子不一样，担心自己格格不入，被别人排斥。于是，孩子就会想要穿和其他人图案相似的衣服，用其他人都喜欢的物品，来获得大家的认同和接纳。

还有一些孩子热衷于攀比是为了填补内心的空虚。这类孩子可能身边朋友较少，或者父母之间缺少互动，内心比较匮乏，对人际交往需求比较大。物质可以让他们获得大家的关注，感受到自己的存在价值，于是，孩子就会想要拥有更多其他人都没有的东西。

孩子的认知水平发展不完全，再加上判断能力有限。因此，就需要父母帮助孩子建立正确的消费观，引导孩子思考怎样的消费才是合理的。

给父母的建议

戴维·迈尔斯在《社会心理学》一书中提道：“我们生活中的大部分都在围绕着社会比较进行。”比较是孩子认识世界的一扇窗，比较得好，孩子就会变得更好。但攀比则不同，攀比是将比较对象压下去。因此，父母不妨引导孩子将攀比转为比较，理智地看待物质方面的差距，并合理进行消费。

1．引导孩子看清自己的真实需求

孩子与人攀比，其背后一定是有理由的。父母不妨询问孩子与人攀比的原因，引导孩子发现自己内心的真实需求。

比如，琳琳求父母给自己买一个 18 层的生日蛋糕，要比琪琪过生日时的蛋糕大。妈妈问琳琳：“为什么蛋糕要做成 18 层？”琳琳回答：“我答应了给大家带生日蛋糕，琪琪说 18 层的蛋糕才够分。”这时，妈妈又问：“你是想要大家都吃到蛋糕吗？”琳琳说：“是的。”从这个对话中，我们发现，满足孩子这个需求，蛋糕不一定非要做成 18 层。

2．让孩子了解现实

攀比心理几乎每个孩子都有，父母是难以回避的。父母可以在孩子产生攀比心理时，借机让孩子了解实际情况，引导孩子进行符合家庭经济水平的消费。

父母可以直接告诉孩子："如果你想要环游世界，可以努力学习，长大了再去。"或者"这个月我们买了一台冰箱，你想要的平板电脑只能下个月再考虑了。"

没有人能超脱现实，我们也要让孩子了解现实、接受现实，并把与现实的差距转变成努力的动力。